"十二五"高职高专计算机规划教材·基础与实训系列

中文 Word 2003 操作教程

（第 2 版）

周 莹 编

U0196189

西北工业大学出版社

【内容简介】本书为"十二五"高职高专计算机规划教材。全书共分 11 章，主要内容包括中文 Word 2003 概述、文档的基本操作、文本的编辑、文本格式编辑、表格的制作、图形和图像的编辑、样式和模板、文档的高级应用、页面设置与打印输出、综合应用实例以及上机实训。各章后附有本章小结及实训练习，使读者在学习时更加得心应手，做到学以致用。

本书可作为高职高专院校及计算机培训班的计算机基础课程教材，同时也可供计算机爱好者自学参考。

图书在版编目（CIP）数据

中文 Word 2003 操作教程/周莹编 . —2 版 . —西安：西北工业大学出版社，2012.6
（2021.4 重印）
ISBN 978-7-5612-1917-1

Ⅰ．①中…　　Ⅱ．①周…　　Ⅲ．①文字处理系统，Word 2003—高等学校：技术学校—教材　　Ⅳ．①TP391.12

中国版本图书馆 CIP 数据核字（2005）第 021652 号

出版发行：西北工业大学出版社
通信地址：西安市友谊西路 127 号　　　邮编：710072
电　话：（029）88493844　88491757
网　址：www.nwpup.com
电子邮箱：computer@nwpup.com
印 刷 者：陕西金德佳印务有限公司
开　本：787 mm×1 092 mm　1/16
印　张：14.5
字　数：380 千字
版　次：2012 年 6 月第 2 版　　2012 年 6 月第 1 次印刷
定　价：29.00 元

出版者的话

高等职业教育是我国高等教育的重要组成部分，担负着为国家培养并输送生产、建设、管理、服务第一线高素质、技术应用型人才的重任。因此，我国近年来十分重视高等职业教育。

高等职业教育要做到面向地区经济建设和社会发展，适应就业市场的实际需要，真正办出特色，就必须按照自身规律组织教学体系。为了满足高等职业教育的实际需求，我们组织高等职业院校有丰富教学经验的教师，编写了"'十二五'高职高专计算机规划教材·基础与实训系列"教材。

本系列教材充分考虑了高等职业教育的培养目标、教学现状和发展方向，在编写中突出实用性，重点讲述在信息技术行业实践中不可缺少的基础知识，并结合实训加以介绍，大量具体操作步骤、众多实践应用技巧与切实可行的实训材料真正体现了高等职业教育自身的特点。

 主要特色

⊕ 中文版本、易教易学

本系列教材选取市场上最普遍、最易掌握的应用软件的中文版本，突出"易教学、易操作"，结构合理、内容丰富、讲解清晰。

⊕ 内容全面、结构合理

本系列教材合理安排基础与实训的比例。基础知识以"必需，够用"为度，以培养学生的职业技能为主线来设计体例结构、内容和形式，符合高等职业学生的学习特点和认知规律；对实训操作过程的论述清晰简洁、通俗易懂、便于理解，通过相关软件的实际运用引导学生学以致用。

⊕ 图文并茂、实例典型

本系列教材图文并茂，便于读者学习和掌握所学内容，以行业应用实例带动知识点，诠释实际项目的设计理念，实例典型，切合实际应用。

⊕ 体现教与学的互动性

本系列教材从"教"与"学"的角度出发，重点体现教师和学生的互动交流。将精练的理论和实用的行业范例相结合，学生在课堂上就能掌握行业技术应用，做到理论和实践并重。

⊙ 突出职业应用，快速培养人才

本系列教材以培养计算机技能型人才为出发点，采用"基础知识+应用实训+综合应用实例+上机实训"的编写模式，内容生动，由浅入深，将知识点与实例紧密结合，便于读者学习掌握。

⊙ 具备前瞻性，与职业资格培训紧密结合

本系列教材的教学内容紧随技术和经济的发展而更新，及时将新知识、新技术、新工艺和新实训引入教材，同时注重吸收最新的教学理念，根据行业需求，使教材与相关的职业资格培训紧密结合。

⊙ 读者定位明确，与就业市场紧密结合

针对明确的读者定位，本系列教材涵盖了计算机基础知识及目前常用软件的操作方法和操作技巧，读者在学习后能够切实掌握实用的技能，做到放下书本就能上岗，真正具备就业本领。

读者对象

本系列教材是高等职业院校、高等技术院校、高等专科院校的计算机教材，适用于信息技术的相关专业，如计算机应用、计算机网络、信息管理、电子商务、计算机科学技术、会计电算化等，也可供优秀职高学校选作教材。对于那些要提高自己应用技能或参加一些证书考试的读者，本系列教材也不失为一套较好的参考书。

结束语

希望广大师生在使用教材的过程中提出宝贵意见，以便我们在今后的工作中不断地改进和完善，使本系列教材成为高等职业教育的精品教材。

前　言

中文 Word 2003 是美国微软公司继中文 Word 2002 发布后的新一代文字输入和图文编辑的智能化办公软件，是中文 Office 2003 软件家族的一个核心成员。中文 Word 2003 在提高个人工作效率、简化工作任务、文档格式编排灵活方便、提高可靠性和数据恢复能力、提高工作效率等方面新增或改进了一些功能，更适合大众使用。用中文 Word 2003 编辑的文档不但有文字、表格，而且可以插入图形和图像，因而可以编辑出图文并茂的文档。

本书以"基础知识+实训练习+综合实例+上机实训"为主线，对 Word 2003 软件进行循序渐进的讲解，读者能快速直观地了解和掌握 Word 2003 的基本使用方法、操作技巧和行业实际应用，为步入职业生涯打下良好的基础。

本书内容

全书共分 11 章。其中，第 1 章主要介绍 Word 2003 的基础知识，第 2 章主要介绍文档的基本操作，第 3～4 章主要介绍文本的编辑和文本格式的编辑，第 5～6 章主要介绍表格的制作及 Word 中图形的编辑，第 7～9 章主要介绍样式和模板的使用、Word 的高级应用以及页面设置与打印输出，第 10 章列举了几个有代表性的综合实例，第 11 章是上机实训。通过理论联系实际，帮助读者举一反三、学以致用，进一步巩固所学的知识。

读者定位

本书结构合理，内容系统全面，讲解由浅入深，实例丰富实用，可作为各大中专院校及计算机培训班的计算机基础课程教材，同时也可供计算机爱好者自学参考。

本书力求严谨细致，但由于水平有限，书中难免出现疏漏与不妥之处，敬请广大读者批评指正。

编　者

目 录

第 1 章 中文 Word 2003 概述

Word 2003 是 Microsoft 公司的 Office 系列办公软件之一，在书信、公文、报告、论文、商业合同、写作排版以及网页制作等方面都有极其广泛的应用，是目前流行的文字处理软件。该软件适合于一般办公人员和专业排版人员使用。

知识要点

⊙ Word 2003 概述及新增功能
⊙ Word 2003 的启动和退出
⊙ Word 2003 的工作环境
⊙ Word 2003 的视图方式
⊙ Word 2003 帮助系统的使用

1.1 Word 2003 概述及新增功能

Word 作为最流行的文字处理软件，其最大的特点是具有强大的编辑功能和图文混排功能，同时也拥有强大的网络功能；通过菜单栏中的命令和工具栏中的按钮几乎可以完成所有的操作。

Word 2003 在原版本的基础上又增加了许多新的功能。

1. 方便的文档视图

Word 2003 中的阅读版式视图的目标是增加文档的可读性。单击"常用"工具栏中的 [阅读(R)] 按钮，可切换到阅读版式视图。其特点如下：

（1）隐藏不常用的工具栏。

（2）显示文档结构图或缩略图窗格，便于跳转到文档的各部分。

（3）系统会自动在页面中缩放文档内容，以获得最佳的屏幕显示效果。

（4）允许突出显示部分文档、添加批注或进行更改。

2. 全新的任务窗格

Word 2003 集成了全新的任务窗格，提供了一种新的优化文档的格式设置和编排的途径。这些任务以方便用户为宗旨，其内部提供了样式和格式、显示格式、保护文档等选项，便于用户设置文档。

3. 创建协作文档

使用经改进的"审阅"工具栏可使与他人的协作变得更加容易。修订以清晰、易读的标记显示，不遮盖原文档和不影响布局。创建"文档工作区"可简化在实际中与他人合作完成创建、编辑和审阅文档的过程。将文档保存到文档工作区，其他成员可以从文档工作区获得最新版本的文档。

4. 安全性

选择 [工具(T)] → [选项(O)...] 命令，弹出 [选项] 对话框，打开 [安全性] 选项卡，其中包括密码保护、文件共享选项、数字签名和宏安全性等安全设置选项。

当保护文档时可以有选择地允许某些用户编辑文档中的特定部分。

5．智能的文档操作

Word 2003 中提供的智能标记使用更为灵活。用户可将智能标记与特定的内容相关联，当鼠标指向关联的字词时，将显示相应的智能标记。智能标记可使批注更明显，并提供更好的方法帮助跟踪更改、合并更改和阅读批注。

6．方便的文档恢复功能

Word 2003 提供了方便的文档恢复功能，在编辑文档过程中，系统会自动将断电重启或死机前的文档保存，重新启动 Word 时，在文档窗口的左边打开恢复文档的任务窗格，其中列出断电重启或死机前正在编辑的文档。

7．丰富的向导功能

在 Word 2003 中增加了许多向导程序，使用户在使用时，只要按照向导提示，就可一步一步地实现用户要实现的功能。

8．语音和手写识别

Word 2003 增强了对多种语言文档的支持，由于在 Word 2003 版本中增加了 Unicode 范围的种类，因此可以在排版时使多种语言在更多的文字组织单元中并存。

使用语音识别功能可通过操作者的语音来选择菜单、工具栏、对话框和任务窗格等项目。手写输入识别功能可通过手写输入设备或鼠标在文档中输入文本。

Word 2003 支持墨迹输入设备，可以使用 Tablet 笔来实现 Word 2003 的手写输入功能。

（1）使用手写批注和注释来标记文档。

（2）可将手写内容合并到 Word 文档中。

（3）可利用 Outlook 中的 Wordmail 发送手写电子邮件。

9．Office 的新外观

Microsoft Office 2003 有一个开放而又充满活力的新外观。此外，用户还可以使用新的经优化的任务窗格。新任务窗格包括"开始工作""帮助""搜索结果""共享工作区""文档更新"和"信息检索"。

10．"信息检索"任务窗格

如果可以连接到 Internet，新的"信息检索"任务窗格可为用户提供一系列参考信息和扩充资源。用户可使用百科全书、Web 搜索或通过访问第三方内容搜索特定主题的内容。

11．支持 XML 文档

Word 2003 允许以 XML 格式保存文档，因此，用户可将文档内容与其二进制（.doc）格式定义分开。文档内容可以用于自动数据采集和其他用途。文档内容可以通过 Word 以外的其他进程搜索或修改，例如：基于服务器的数据处理。

此外，如果使用 Microsoft Office Professional Edition 2003 或单独的 Microsoft Office Word 2003，可以通过 模板和加载项 对话框中的 XML 架构 选项卡将 XML 架构附加到任意文档。用户可以指定架构文件名称，以及是否希望 Word 使用此架构对文档进行验证。

然后，使用"XML 结构"任务窗格将 XML 标记应用于用户自己的文档中，并查看文档中的 XML 标记。

1.2 Word 2003 的启动和退出

要掌握 Word 2003 的使用，就要先来学习它的启动和退出。

1.2.1 Word 2003 的启动

启动 Word 2003 的方法很多，下面介绍几种常用的方法：

（1）选择 开始 → 所有程序(P) → Microsoft Office → Microsoft Office Word 2003 命令，如图 1.2.1 所示。

图 1.2.1 从"开始"菜单中启动 Word 2003

（2）双击桌面上的 Word 2003 图标，如图 1.2.2 所示，可快速启动。

图 1.2.2 Word 2003 桌面快捷方式图标

提示：如果桌面上没有快捷方式图标，可按照启动 Word 2003 方法（1）中的步骤，在 Microsoft Office Word 2003 上单击鼠标右键，从弹出的快捷菜单中选择 发送到(N) → 桌面快捷方式 命令，即可创建 Word 2003 的桌面快捷方式。

（3）选择 开始 → 我最近的文档(D) 命令，在弹出的菜单项中找到要打开的文件，单击文件名即可，如图 1.2.3 所示。

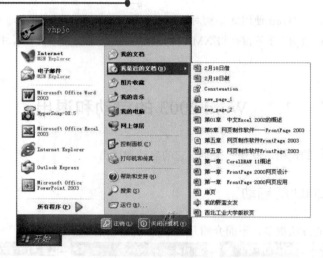

图 1.2.3　打开最近使用过的文档

1.2.2　Word 2003 的退出

退出 Word 2003 可使用以下方法：

（1）单击标题栏最右端的"关闭"按钮 ![X]。

（2）选择 文件(F) → 退出(X) 命令。

（3）按"Alt+F4"组合键。

（4）双击标题栏左端的控制图标。

（5）在标题栏任意位置单击鼠标右键，从弹出的快捷菜单中选择 ✕ 关闭(C)　　Alt+F4 命令。

当用户在退出 Word 2003 之前没有保存修改过的文档，退出时 Word 2003 会弹出提示框，提示用户是否保存对文档的修改，如图 1.2.4 所示。单击 是(Y) 按钮，保存对文档的修改并退出；单击 否(N) 按钮，不保存文档并退出；单击 取消 按钮，取消该操作并回到 Word 2003 工作窗口。

图 1.2.4　提示框

1.3　Word 2003 的工作环境

启动 Word 2003 时，可看到其简洁的启动界面，如图 1.3.1 所示，随后就进入全新的 Word 2003 工作界面，其外观比以前的版本更加美观大方，工作界面布局没有很大改变。界面主要包括标题栏、菜单栏、工具栏、标尺、编辑区、滚动条和状态栏等，如图 1.3.2 所示。

图 1.3.1　Word 2003 启动界面

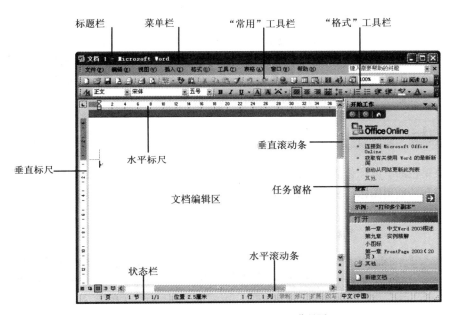

图 1.3.2　Word 2003 工作界面

1.3.1　标题栏

标题栏位于 Word 工作界面的最上方，用于显示当前正在编辑文档的文件名等相关信息，主要包括窗口控制图标■、当前文档名称、应用程序名称和一组控制按钮。

单击窗口控制图标■，将弹出一个下拉菜单，如图 1.3.3 所示；控制按钮区域包含三个按钮，即"最小化"按钮■、"最大化"按钮□（"向下还原"按钮□）和"关闭"按钮×。

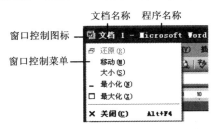

图 1.3.3　窗口控制菜单

1.3.2 菜单栏

菜单栏位于标题栏下面，由 文件(F) 、 编辑(E) 、 视图(V) 、 插入(I) 、 格式(O) 、 工具(T) 、 表格(A) 、 窗口(W) 和 帮助(H) 9 个菜单项组成。菜单栏中包含了 Word 中的所有命令选项，选择不同的菜单命令可执行不同的功能。Word 2003 能够记录用户经常使用的菜单命令，隐藏不常用的菜单命令，菜单中显示的是最近常用的命令，这为用户的操作提供了很大的方便。单击菜单底部的箭头按钮 可显示全部的菜单命令。

Word 2003 的菜单中有统一的约定，熟悉这些约定，有助于更好地使用 Word 2003 中的各种应用技巧。

…省略号：某些菜单命令后有省略号，选择这些菜单项将弹出一个对话框。

三角：某些菜单命令之后还有三角形的箭头标志，将鼠标移到这些命令上，则会弹出其子菜单。

层叠式菜单：单击下拉按钮将显示多个菜单项，标志是菜单底部有一个箭头按钮 。

不可用命令：菜单命令呈灰色显示时，表示此命令为当前不可用命令。

1.3.3 工具栏

工具栏位于菜单栏的下方，包括"常用"工具栏和"格式"工具栏，如图 1.3.4 所示。工具栏是将一些常用的命令和功能用图标代替，并将功能相近的图标集中在一起。如果要执行某个命令，只要单击相应的按钮即可。

"常用"工具栏

"格式"工具栏

图 1.3.4 工具栏

1. 隐藏和显示系统工具栏

默认情况下，Word 2003 窗口只显示"常用"工具栏和"格式"工具栏，其他工具栏都被隐藏起来。用户可通过选择菜单命令进行工具栏的显示和隐藏。选择 视图(V) → 工具栏(T) 命令，弹出如图 1.3.5 所示的工具栏子菜单。

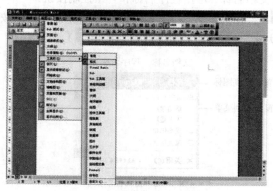

图 1.3.5 "工具栏"子菜单

"工具栏"子菜单中列出了所有的工具栏。选择不同的工具栏，其左侧出现✓标记，表示在窗口中显示此工具栏。如果工具栏左侧无✓标记，则表示隐藏此工具栏。

2．移动工具栏和菜单栏

Word 2003 的工具栏和菜单栏都可以移动并置于窗口中的任意位置或贴在窗口中的任意一条边框上，使用户可以设置具有独特风格的工作界面。

如果工具栏贴在上、下两个边框时，最左边有一个分隔符⋮；工具栏贴在左、右边框时，最上边有一个分隔符⋯。将鼠标移动到工具栏的分隔符上，光标会变成十字方向箭头✛，按住鼠标左键不放并拖动，可将工具栏拖动到窗口任意位置。

在 Word 2003 中，一般将工具栏包括菜单栏排成一排，可以获得更大的文档编辑空间。调整不同工具栏的分隔符位置，可相应改变显示按钮的多少，不能全部显示的按钮，在对应工具栏最右边的下拉按钮的菜单中可以找到，如图 1.3.6 所示。

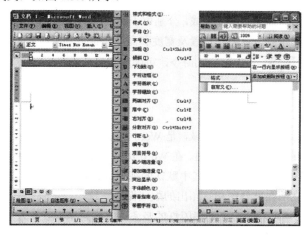

图 1.3.6　显示工具栏按钮菜单

3．按钮提示

Word 的一个很方便的功能就是按钮提示。将鼠标放到按钮上稍停片刻，就会显示按钮的提示。如图 1.3.7 所示的是将鼠标放到"打印预览"按钮 上的提示。

图 1.3.7　按钮提示

如将鼠标放到按钮上没有出现提示，可按以下步骤为其添加提示：

（1）选择 视图(V) → 工具栏(T) ▶ → 自定义(C)… 命令，弹出 自定义 对话框，打开 选项(O) 选项卡。

（2）选中 ☑ 显示关于工具栏的屏幕提示 (T) 和 ☑ 在屏幕提示中显示快捷键 (H) 两个复选框，如图 1.3.8 所示。

（3）单击 关闭 按钮，关闭 自定义 对话框，即可完成按钮提示的设置。

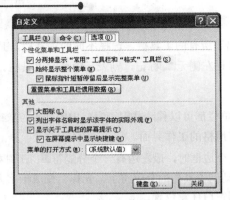

图 1.3.8 "自定义"对话框

1.3.4 标尺

标尺由水平标尺和垂直标尺两部分组成，分别位于编辑区的顶端和左侧。标尺的功能在于查看正文、图片、表格和文本框相对于页面的位置及宽度和高度，也可利用标尺对正文进行排版等。

选择 视图(V) → ✓ 标尺(L) 命令，可隐藏或显示标尺。

1.3.5 编辑区

编辑区是位于水平标尺下方的空白区域，是 Word 2003 窗口的主要部分，也称为文档窗口。用户可在此区域内创建、编辑、修改、排版文档。在 Word 2003 中有普通视图、Web 版式视图、页面视图、大纲视图和阅读版式视图 5 种视图方式。其中默认的视图方式是页面视图，此方式编辑的文档是所见即所得的，即所编辑的文档在屏幕中和打印出的版式保持一致。

在 Word 文档编辑区中可看到一个不停闪烁的竖条，被称为光标或插入点，其作用是指出下一个键入字符的位置。光标后的灰色折线箭头是回车符或结束符。编辑区四角的灰色直角折线表示页边距，限定了文档的编辑和打印范围。光标、回车符和页边距都不会被打印出来。

1.3.6 滚动条

滚动条是位于文档编辑区右侧和下侧的可移动的条形工具，包括垂直滚动条和水平滚动条。当文本文件过大，无法完全显示在文档窗口中时，可利用滚动条来查看整个文本。垂直滚动条用于上下滚动文档，其每个按钮作用如下：

⌃：表示向上滚动，单击此按钮可使文档向上滚动。

⌄：表示向下滚动，单击此按钮可使文档向下滚动。

⬆：表示向上跳转，根据所选择浏览方式而改变向上跳转的方式。

⬤：选择浏览对象按钮，单击此按钮弹出跳转方式菜单，如图 1.3.9 所示。系统默认的是按页跳转。

图 1.3.9 跳转方式菜单

⬇：表示向下跳转，根据所选择浏览方式而改变向下跳转的方式。

单击水平滚动条左边的 ◁ 按钮，向左滚动；单击水平滚动条右边的 ▷ 按钮，向右滚动。

1.3.7　任务窗格

在 Word 2003 中，任务窗格提供了许多 Word 中常用的操作选项，包括 开始工作 、 新建文档 、 样式和格式 和 剪贴板 等，用户可非常方便地使用各个选项，还可将任务窗格从窗口右边拖出来，像工具栏一样随意在窗口中摆放。如果当前未显示任务窗格，可按 "Shift+F1"组合键来显示任务窗格。单击任务窗格右上角的"关闭"按钮 ✖ ，可关闭任务窗格。

1.3.8　状态栏

状态栏位于窗口底部，用于显示文档编辑状态和位置信息。其中包括页数、节、当前页面位置、页数/总页数、插入点所在位置、行数、列数等信息，如图 1.3.10 所示。状态栏右端显示当前编辑状态，分别为"录制""修订""扩展"和"改写"。呈灰色字体表示未启用。双击方框可改变其状态。

| 9 页 | 1 节 | 9/9 | 位置 13.5厘米 | 15 行 | 1 列 | 录制 修订 扩展 改写 | 中文(中国) | |

图 1.3.10　状态栏

1.4　Word 2003 的视图方式

Word 2003 为用户提供了普通视图、Web 版式视图、页面视图、大纲视图和阅读版式视图 5 种视图方式，用户可以根据需要选择相应的视图方式，以更加方便地进行浏览和编辑操作。

1.4.1　普通视图

选择 视图(V) → 普通(N) 命令，或者直接单击"普通视图"按钮 ，即可切换到普通视图。普通视图是 Word 中最常用的视图方式，在该视图中，可以输入、编辑和设置文本格式，同时可以显示几乎所有的格式信息，但不显示页边距、页眉和页脚、背景、图形对象等，而且多栏编辑的文档只能显示一栏，如图 1.4.1 所示。

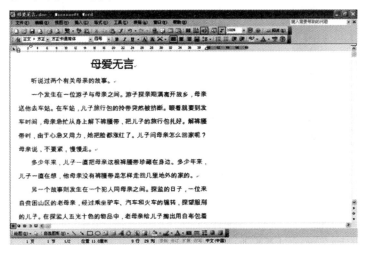

图 1.4.1　普通视图

1.4.2 Web 版式视图

选择 视图(V) → Web 版式(W) 命令，或者直接单击"Web 版式视图"按钮，即可切换到 Web 版式视图。Web 版式视图专门用来创作 Web 页的视图方式。在该视图中，可显示文档在 IE 浏览器中的外观。在该视图方式中，正文显示更大，并且可以自动换行以适应窗口大小，还可以对文档的背景、文档的浏览等进行设置，如图 1.4.2 所示。

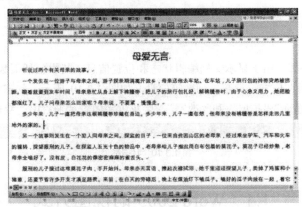

图 1.4.2 Web 版式视图

1.4.3 页面视图

选择 视图(V) → 页面(P) 命令，或者直接单击"页面视图"按钮，即可切换到页面视图。在页面视图方式中，屏幕上显示的效果和文档的打印效果完全相同，用户可以查看打印页面中的文本、图片和其他元素的位置。在该视图方式中，不再以一条虚线表示分页，而是直接显示页边距，如图 1.4.3 所示。

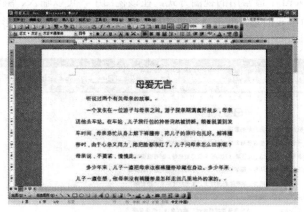

图 1.4.3 页面视图

1.4.4 大纲视图

选择 视图(V) → 大纲(O) 命令，或者直接单击"大纲视图"按钮，即可切换到大纲视图。大纲视图用于显示、修改或创建文档的大纲。切换到大纲视图，系统将自动打开"大纲"工具栏，该工具栏中包含了大纲视图中最常用的工具按钮，如图 1.4.4 所示。

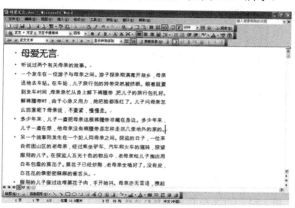

图 1.4.4　大纲视图

1.4.5　阅读版式视图

选择 视图(V) → 阅读版式(R) 命令，或者直接单击"阅读版式视图"按钮 ，即可切换到阅读版式视图。阅读版式视图是 Word 2003 新增的一种视图方式，为阅读文章提供了一个很好的视图界面，在缩小页面的同时不改变文字的大小，如图 1.4.5 所示。

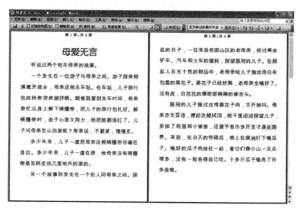

图 1.4.5　阅读版式视图

1.5　Word 2003 帮助系统的使用

Word 2003 提供了强大的帮助功能，使用户可以方便地获得所需的帮助。用户可以用活泼可爱的 Office 助手，也可使用帮助窗口来获取帮助信息。

1.5.1　使用 Office 助手

Office 助手是一些可爱的卡通形象，它们为用户提供了智能而又活泼的交互式界面，如图 1.5.1

所示。单击 Office 助手，会弹出对话框，输入所要查询的问题，Office 助手将会给出提示，单击 搜索 (S) 按钮，出现 Office 帮助文件。

Office 2003 提供了多个全新的 Office 助手外观，用户可按照自己的爱好进行选择。选择助手外观的具体操作步骤如下：

（1）在 Office 助手上单击鼠标右键，弹出如图 1.5.2 所示的快捷菜单。

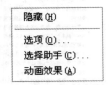

图 1.5.1　Office 助手　　　　　　　　图 1.5.2　Office 助手菜单

（2）选择"隐藏"命令，可隐藏 Office 助手。

（3）选择"选择助手"命令，弹出如图 1.5.3 所示的 Office 助手 对话框。

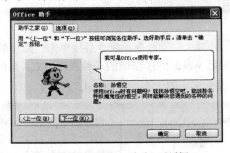

图 1.5.3　"Office 助手"对话框

（4）单击 〈上一位 (B) 或 下一位 (N)〉 按钮，可对 Office 助手进行选择。

1.5.2　帮助窗口的使用

选择 帮助 (H) → ② Microsoft Office Word 帮助 (H) F1 命令，打开 Word 帮助 ▼ 任务窗格，如图 1.5.4 所示。在"搜索"文本框中输入关键词，单击"开始搜索"按钮 ➡ 可搜索相关内容。

图 1.5.4　"Word 帮助"任务窗格

1.6 应用实例——使用 Word 2003 帮助系统

本例练习 Word 2003 帮助系统的使用，使用户可以方便地获得所需的帮助。

操作步骤

（1）选择 开始 → 所有程序(P) → Microsoft Office → Microsoft Office Word 2003 命令，启动 Word 2003 应用程序。

（2）在菜单栏中选择 帮助(H) → Microsoft Office Word 帮助(H) F1 命令，打开 Word 帮助 任务窗格，如图 1.6.1 所示。

（3）在"搜索"文本框中输入"打开文档"文字，然后单击"开始搜索"按钮，打开 搜索结果 任务窗格，如图 1.6.2 所示。

图 1.6.1 "Word 帮助"任务窗格　　　图 1.6.2 "搜索结果"任务窗格

（4）在该任务窗格的列表框中单击 打开文档的备份 超链接，打开 Microsoft Office Word 帮助 窗口，在该窗口中显示"打开文档的备份"的操作方法，如图 1.6.3 所示。

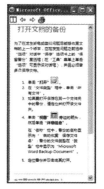

图 1.6.3 Word 2003 提供的帮助

本 章 小 结

本章主要介绍了 Word 2003 的新增功能、Word 2003 的启动与退出、Word 2003 的视图方式、Word

2003 帮助系统的使用等内容。通过本章的学习，用户可以对 Word 2003 有一个基本的认识，为后面学习和使用 Word 2003 打下基础。

实 训 练 习

一、填空题

1．状态栏右侧显示的编辑状态有＿＿＿、＿＿＿、＿＿＿和＿＿＿。

2．标题栏包括＿＿＿、＿＿＿、＿＿＿、＿＿＿、最大化（还原）按钮和关闭按钮。

3．启动 Word 2003 时，系统将自动创建一个名为＿＿＿的空白文档，用户可在其中直接进行文字的输入和编辑操作。

4．关闭 Word 文档的组合键是＿＿＿。

二、简答题

1．Word 2003 都有哪些新增功能？

2．在 Word 2003 中，可用哪些方法来获取帮助？

三、上机操作题

1．用两种以上方法启动 Word 2003。

2．切换 Word 2003 的 5 种视图方式，并比较其异同。

3．熟悉 Word 2003 工作界面，并改变 Office 助手形象。

第 2 章 文档的基本操作

文档的操作是使用 Word 的最基本技能，本章主要介绍新建文档、保存文档及其保存格式、打开和关闭已经存盘的文档。

知识要点

- 新建文档
- 保存文档
- 打开和关闭文档

2.1 新 建 文 档

在启动 Word 2003 时，系统自动新建一个名为"文档 1"的空白文档，用户可以直接在文档中输入文字、插入表格和图形等内容。在 Word 中，用户可以根据需要选择不同的方式新建文档。

2.1.1 新建空白文档

如果要在启动 Word 2003 后，新建一个空白文档，通常有下面 3 种方法：

（1）直接单击"常用"工具栏中的"新建空白文档"按钮 。

（2）选择 文件(F) → 新建(N)... 命令，打开如图 2.1.1 所示的 新建文档 任务窗格。

图 2.1.1　"新建文档"任务窗格

在图 2.1.1 中单击"新建"选项区中的 空白文档 超链接，即可新建一个空白文档。如果用户没有为新建的文档命名，系统将自动以"文档 1""文档 2"等命名。

（3）使用"Ctrl+N"快捷键新建空白文档。

2.1.2　根据原有文档副本创建

有时需要在原有文档上进行修改并新建文档。在 **新建文档** ▼任务窗格中的"新建"选项区中单击"根据现有文档"超链接，弹出如图 2.1.2 所示的 **根据现有文档新建** 对话框。

图 2.1.2　"根据现有文档新建"对话框

在该对话框中选中新建文档所基于的文档，然后单击 **创建(C)** 按钮即可。

提示：如果要打开保存在其他文件夹中的文档，首先要定位并打开该文件夹。

2.1.3　使用模板新建文档

模板是指一个或多个文件，其中所包含的结构和工具构成了已完成文件的样式和页面布局等元素。例如，Word 模板能够生成单个文档，而 FrontPage 模板可以形成整个网站。

向导是根据文档涉及的内容提出问题，并根据用户提供的答案创建出符合要求的文档。

使用模板或向导新建文档的具体操作步骤如下：

（1）在 **新建文档** ▼任务窗格中的"模板"选项区中单击 **本机上的模板...** 超链接，弹出如图 2.1.3 所示的 **模板** 对话框。

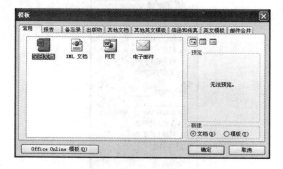

图 2.1.3　"模板"对话框

（2）单击 **模板** 对话框中不同的标签，打开相应的选项卡，用户可以选择所需的模板。例如打开 **信函和传真** 选项卡，选择"典雅型信函"模板，在"预览"区中可以看到该模板的大致外观效果，如图 2.1.4 所示。

（3）单击 **确定** 按钮，即可新建基于该模板的文档。

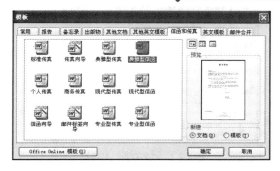

图 2.1.4　"信函和传真"选项卡

注意：如果用户最近使用过模板和向导，系统会将模板显示在"最近所用模板"选区中，可以单击并打开该模板。用户还可以创建自己的模板以保存样式、自动图文集、词条、宏和计划经常重复使用的文本。

2.2　保 存 文 档

在文档中输入内容或者对文档进行修改后，都要对文档进行保存，一方面便于以后使用，另一方面为了防止断电或电脑故障而造成内容的丢失。

2.2.1　保存新建文档

新建一个文档后，在没有保存文档而直接关闭或退出 Word 2003 时，系统将弹出如图 2.2.1 所示的 **Microsoft Office Word** 提示框。

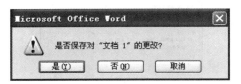

图 2.2.1　"Microsoft Office Word"提示框

单击 **是(Y)** 按钮保存文档；如果想继续操作，单击 **取消** 按钮；如果不保存文档，单击 **否(N)** 按钮，直接关闭或退出 Word 2003。

保存新建文档有下面两种方法：

（1）单击"常用"工具栏中的"保存"按钮 ，弹出如图 2.2.2 所示的 **另存为** 对话框。

（2）选择 **文件(F)** → **另存为(A)...** 命令，弹出 **另存为** 对话框。

在 **另存为** 对话框的"保存位置"下拉列表中选择文件保存的位置；在"文件名"文本框中输入文件的名称；在"保存类型"下拉列表中选择文件的格式，然后单击 **保存(S)** 按钮即可。

提示：在保存文档时，如果没有命名，系统将以文档的第一个短语作为文件名。文件名最长不能超过 255 个字符，在文件名中不能包含"/, \, ? ,:,;, *, ", <, >, |"字符之一。

图 2.2.2 "另存为"对话框

2.2.2 保存所有打开的文档

如果要保存同时编辑的多个文档，需要先按住"Shift"键，然后选择 文件(F) →
全部保存(L) 命令，可以将所有打开的文档以原文件的名称保存。

2.2.3 自动保存文档

在 Word 2003 中可以设置一个固定的时间段自动保存文档,这样可以避免因突然断电或死机所造成的文档损失。设置自动保存文档的具体操作步骤如下：

（1）选择 工具(T) → 选项(O)... 命令,弹出 选项 对话框。

（2）在 选项 对话框中打开 保存 选项卡,如图 2.2.3 所示。

图 2.2.3 "保存"选项卡

（3）选中 ☑ 自动保存时间间隔(S): 复选框,在微调框中输入时间间隔。默认情况下自动保存的时间间隔为 10 分钟。

（4）单击 确定 按钮,完成自动保存设置。

启动自动保存功能后,Word 2003 以指定的时间间隔,将当前正在处理的活动文档保存在临时文件中。如果在编辑过程中出现断电或非法操作关闭文档,下次启动 Word 时,在文档窗口左边显示"恢复"字样,这时选择 文件(F) → 保存(S) Ctrl+S 命令保存文档。当正常退出 Word 时,恢复文件将自动删除。

2.2.4 将文档保存为其他格式

在保存文档时,Word 以默认的格式将文档保存为后缀名为.doc 的文件格式。用户也可以根据需要将文档保存为不同的格式。无论是新建的还是原有的，可同时保存所有打开的文档，也可用不同的文件名或在不同的位置保存活动文档的副本。如果要将文字或格式再次用于创建的其他文档，可将文档保存为 Word 模板。

1．以其他文件格式保存文档

如果需要与使用其他文字处理程序或与使用不同文件格式的 Word 版本（如 Word 6.0/95）的用户共享文档，可将文档保存为其他的文件格式。例如，可在 Word 2003 中打开并修改用 Word 6.0 创建的文档，然后将其保存为 Word 6.0 可以打开的格式。

2．保存用于 Internet，Intranet 或网站中的文档

如果需要用 Word 创建在 Web 浏览器中显示的网页，可用网页格式保存文档，并将其发布到 Web 服务器上，也可将文档保存在 Internet 上的 FTP 站点中（必须首先通过 Internet 服务供应商获得 Internet 账户，并获取在 FTP 服务器上保存文档的权限），或保存在单位的 Intranet 上。

3．将文档另存为 XML 文件

将文档另存为 XML 文件，使文件可用于所有能够阅读 XML 的程序，而不仅限于 Microsoft Office 程序。这意味着用户可以同时以多种方式使用一个内容源。例如，可以将一个内容源转换为用于打印的 Word 文档格式，也可以转换为可处理的数据。

将文档保存为其他格式的具体操作步骤如下：

（1）选择 文件(F) → 另存为(A)… 命令，弹出 另存为 对话框。

（2）如果要将文件保存到其他位置，在"保存位置"下拉列表中选择驱动器盘符和文件夹。

（3）在"文件名"文本框中输入文件的新名称，在"保存类型"下拉列表中选择保存的类型。

（4）单击 保存(S) 按钮即可。

2.2.5　保护文档

为了安全，可以给文档设置口令，在打开文档时需要输入密码。设置文档密码的具体操作步骤如下：

（1）选择 工具(T) → 选项(O)… 命令，弹出 选项 对话框。

（2）在 选项 对话框中打开 安全性 选项卡，如图 2.2.4 所示。

图 2.2.4　"安全性"选项卡

在"打开文件时的密码"文本框中输入打开文件时的密码；在"修改文件时的密码"文本框中输

入修改文档时的密码。

（3）设置完后单击 确定 按钮。

给文档设置口令可以保护文档，使用户打开文档时需要输入密码，而在 Word 2003 中，还可以进一步控制文档格式设置和内容，例如，用户可以指定使用特定的样式，并规定不得更改这些样式。这是 Word 2003 的新增功能——保护文档。

当保护文档内容时，不再需要将相同的限制应用于每位用户和整篇文档，用户可以有选择地允许某些用户编辑文档中的特定部分。选择 工具(T) → 保护文档(P)... 命令，打开如图 2.2.5 所示的 保护文档 ▼ 任务窗格。该任务窗格中有 3 个选项区供用户使用。

图 2.2.5　"保护文档"任务窗格

1. 格式设置限制

如果用户设置了限制文档的格式设置，则可以防止他人对文档进行修改，也可以防止用户直接将格式应用于文本。限制格式之后，直接应用格式的命令和键盘快捷键将无法使用。

2. 编辑限制

将文档保护为只读或只可批注格式后，可以将部分文档指定为无限制，还可以授予权限，以允许用户修改无限制的文档。

3. 启动强制保护

单击 保护文档 ▼ 任务窗格中的 是，启动强制保护 按钮，弹出如图 2.2.6 所示的 启动强制保护 对话框。在"新密码（可选）"和"确认新密码"文本框中分别输入密码，单击 确定 按钮后，任务窗格有所改变，如图 2.2.7 所示。

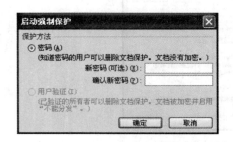

图 2.2.6　"启动强制保护"对话框　　　　图 2.2.7　启动强制保护后的"保护文档"任务窗格

2.3　打开和关闭文档

如果要对文档再次进行修改和编辑，首先要打开文档。在 Word 2003 的 **打开** 对话框中，可以选择打开位于不同文件夹中的文档，也可同时打开多个文档进行修改和编辑。

2.3.1　使用打开对话框打开文档

若要打开一个文档，可以单击"常用"工具栏中的"打开"按钮 📁，或者选择 **文件(F)** ➝ 📂 **打开(O)... Ctrl+O** 命令，弹出如图 2.3.1 所示的 **打开** 对话框。

图 2.3.1　"打开"对话框

从图 2.3.1 中可以看出，在对话框的左边有 5 个文件夹，即"我最近的文档""桌面""我的文档""我的电脑"和"网上邻居"。用户在"查找范围"下拉列表中找到相应的文件位置，然后在文件列表中选中要打开的文档，单击 **打开(O)** 按钮即可。

📢 提示：在打开文档时，用户还可以根据需要选择不同的方式打开要修改和编辑的文档。单击 **打开(O)** 按钮右边的下三角，弹出如图 2.3.2 所示的下拉菜单，在该下拉菜单中选择 **以副本方式打开(C)** 命令以打开文档。

2.3.2　快速打开最近使用过的文档

Word 2003 具有记忆功能，它可以记忆最近几次打开的文档。如果要快速打开最近使用过的文档，可以打开 **文件(F)** 菜单，在其下拉菜单中显示了最近打开过的文档，如图 2.3.3 所示，选择所需的文档即可打开。

图 2.3.2　"打开"下拉菜单

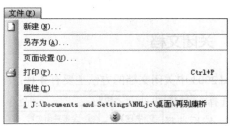

图 2.3.3　打开最近使用过的文档

提示：如果在 文件(F) 菜单底部没有显示最近打开过的文档，可以选择 工具(T) → 选项(O)... 命令，弹出 选项 对话框。在 常规 选项卡中选中 ☑列出最近所用文件(R): 复选框，如图 2.3.4 所示。默认情况下，将显示 4 个最近所用的文件。

图 2.3.4 "常规"选项卡

2.3.3 在启动 Word 2003 的同时打开文档

在启动 Word 2003 的同时打开文档的方法有以下两种：

（1）使用 Windows 资源管理器打开需要编辑的文档，即可在启动 Word 2003 时打开文档，或者选中文档后，单击鼠标右键，在弹出的快捷菜单中选择 打开(O) 命令，如图 2.3.5 所示。

（2）从"开始"菜单中打开文档。单击 开始 按钮，选择 所有程序(P) → 我最近的文档(D) 命令，从文档列表中选中要打开的文档，如图 2.3.6 所示，单击即可启动 Word 2003 应用程序并打开该文档。

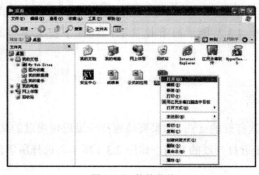

图 2.3.5 快捷菜单

图 2.3.6 文档列表

2.3.4 关闭文档

在 Word 2003 中关闭文档的方法主要有 4 种：

（1）选择 文件(F) → 关闭(C) 命令；如果需要同时关闭打开的所有文档，只须按住"Shift"键，然后选择 文件(F) → 全部关闭(C) 命令即可。

（2）单击 Word 2003 左上角的控制图标，在弹出的菜单中选择 ✕ 关闭(C) Alt+F4 命令即可。

（3）单击窗口右上角的"关闭"按钮█。

（4）按快捷键"Ctrl+W"，可关闭 Word 文档，但并不退出 Word 2003 应用程序。

在关闭 Word 文档之前，如果未保存修改后的文档，系统会弹出一个提示框，如图 2.3.7 所示。单击 是(Y) 按钮，则保存最后一次修改的内容；单击 否(N) 按钮，则系统对最后一次操作不进行保存；单击 取消 按钮，则返回编辑状态，继续编辑文档。

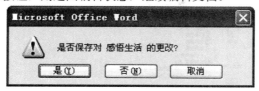

图 2.3.7　"Microsoft Office Word"提示框

2.4　应用实例——文档操作示例

本例主要练习文档的基本操作，打开一个已知的文档，然后新建一个文档，文档修改完成后保存文档内容并退出 Word 2003。

操作步骤

（1）启动 Word 2003 应用程序。

（2）选择 文件(F) → 打开(O)... Ctrl+O 命令，弹出 打开 对话框。在"查找范围"下拉列表中选择所要打开的文件，如"现在成功.doc"，如图 2.4.1 所示。

图 12.4.1　"打开"对话框

（3）单击 打开(O) 按钮，可打开 现在成功.doc - Microsoft Word 文档，如图 2.4.2 所示。

图 2.4.2　打开的文档

（4）在当前 Word 文档中单击"常用"工具栏中的"新建空白文档"按钮，新建一个空白文档 文档 1。

（5）选择 文件(F) → 另存为(A)... 命令，弹出 另存为 对话框，如图 2.4.3 所示。

图 2.4.3 "另存为"对话框

（6）选择文件存放的位置并在"文件名"文本框中输入文档的名称，单击 保存(S) 按钮保存该文件。

（7）文档编辑完成后，依次单击窗口右上角的"关闭"按钮，将刚才打开和新建的两个文档关闭，退出 Word 2003。

本 章 小 结

本章主要介绍了 Word 2003 的基本操作，包括新建文档、保存文档、打开和关闭文档等内容。通过本章的学习，用户可以熟练掌握文档的基本操作方法，为编辑文档奠定基础。

实 训 练 习

一、填空题

1. 启动 Word 2003 时，系统将自动创建一个名为_____的空白文档，用户可在其中直接进行文字的输入和编辑操作。

2. 单击"常用"工具栏中的"保存"按钮，可弹出_____对话框。

3. 如果要快速打开最近使用过的文档，可以选择_____菜单，在其下拉菜单中显示了最近打开过的文档。

二、选择题

1. 如果要快速新建一个空白文档，可以使用（　）方法。

    A．单击"常用"工具栏中的"新建空白文档"按钮

    B．使用模板新建

    C．根据现有文档新建

    D．使用快捷键

2. 在 Word 默认状态下，不用打开文件对话框就能直接打开最近使用过的文档的方法是（　）。

　　A．单击工具栏上的"打开"按钮　　　　B．选择"文件"菜单中的"打开"命令

　　C．快捷键"Ctrl+O"　　　　　　　　　D．选择"文件"菜单底部文件列表中的文件

3．下列关于退出 Word 2003 的说法不正确的是（　　）。

　　A．退出 Word 2003 之后所有打开的文档被关闭

　　B．选择"文件"→"退出"命令可以完成退出

　　C．单击窗口右上角标题栏上的"关闭"按钮

　　D．退出 Word 2003 之后没有保存的文档数据将丢失

4．对于仅设置了修改权限密码的文档，如果不输入密码，该文档（　　）。

　　A．不能打开

　　B．能打开且修改后能保存为其他文档

　　C．能打开但不能修改

　　D．能打开且能修改原文档

5．对于只设置了打开权限的文档，输入正确密码后，可以打开文档，（　　）。

　　A．修改后既可保存为另外的文档又可保存为原文档

　　B．但不能修改

　　C．可以修改但必须保存为另外的文档

　　D．可以修改但不能保存为另外的文档

6．在 Word 2003 编辑状态下，若需要调整左、右边界，更直接、快捷的是利用（　　）。

　　A．工具栏　　　　　　　　　　　B．格式栏

　　C．菜单　　　　　　　　　　　　D．标尺

三、简答题

1．如何启动与退出 Word 2003？

2．在 Word 2003 中，如何快速打开最近使用过的文档？

3．如何快速保存文档？

4．如何给文档加密？

四、上机操作题

1．打开 新建文档 ▼ 任务窗格，单击 根据现有文档... 超链接新建一个文档，并将其命名为"生活点滴"。

2．在 Word 2003 应用程序中设置每隔 5 分钟自动保存文档。

3．为新建的"生活点滴"文档设置打开权限密码和修改权限密码。

第 3 章　文本的编辑

所有的文字处理软件都可进行文字的输入和简单的编辑操作。在 Word 2003 中进行操作时，了解其文本输入的方法，并熟练掌握选择、移动、复制、查找、替换、拼写和语法检查、改写与插入等操作，可大大提高用户的编写效率。

知识要点

- 输入文本
- 修改文本

3.1　输　入　文　本

文字、符号和图形是文档编辑的基本内容，因此，文字的输入就是文件写作和编辑的重要内容，也是使用 Word 所要求掌握的基本技能。Word 中的文本内容包括文本文字、符号、日期和时间等。

3.1.1　确定插入点位置

启动 Word 2003 后，界面中有一个不断闪烁的光标，光标所在的位置即是文本输入的位置。在 Word 2003 中，文本输入应注意以下几点：

（1）单击鼠标左键或用方向键均可在文档中定位光标。

（2）插入点将随文本的输入自动从左向右移动，当文本输入到达行末时，将自动跳转到下一行，当输入文字占满一页的最后一行时，将自动打开新页继续文本的输入。

（3）需要开始新段落时按一下"Enter"键，光标会自动跳转到下一行开始新的段落。

1．用鼠标移动插入点

在当前编辑窗口内，将鼠标指针定位到所需要的位置处，然后单击鼠标，即可确定插入点的位置。

2．使用空位命令

使用空位命令确定文档的插入点的操作步骤如下：

（1）选择 编辑(E) → 定位(G)... Ctrl+G 命令，或按"Ctrl+G"快捷键，弹出 查找和替换 对话框，并打开 定位(G) 选项卡，如图 3.1.1 所示。

图 3.1.1　"定位"选项卡

（2）在"定位目标"列表框中选择要定位的目标，在右边的文本框中输入相应的目标值，然后单击 定位(T) 按钮，即可完成定位文本。

3.1.2　输入文本文字

文本文字可从键盘输入，Word 中输入的文本文字包括英文和中文。

1．英文输入

启动 Word 2003 后，系统默认的输入状态是英文。可在键盘上直接输入英文大小写文本，输入时应注意以下 3 点：

（1）要输入的英文是大小写混合输入时，可通过按"CapsLock"键进行大小写状态的切换。

（2）要输入有双排字符键中的上排字符时，需按住"Shift"键，再按包含要输入字符的双字符键，否则输入的是双排键中的下排字符。

（3）为了排版的方便，一般在行尾不按"Enter"键，开始一个新的段落时才按此键，并且系统会在结尾处自动添加段落标记；设置文本对齐方式时不要用空格键，而应用段落设置中的"缩进"等对齐方式。

提示：系统在默认情况下不显示段落标记，要查看段落标记，选择 视图(V) → 显示段落标记(S) 命令，即可在文本中出现段落标记，段落标记就是回车符。

2．中文输入

要输入中文文本，需选择中文输入法，其操作步骤如下：

（1）单击任务栏右侧的"输入法指示器"按钮 EN ，弹出如图 3.1.2 所示的选择输入法列表。

中文(中国)

✓　王码五笔型输入法 86 版

　　智能ABC输入法 5.0 版

　　王码五笔型输入法 98 版

　　显示语言栏(S)

图 3.1.2　选择输入法列表

（2）在选择输入法列表中选择 中文(中国) 选项，即可将输入法切换到中文输入状态。

技巧：切换输入法时可用一些快捷键。按"Ctrl+空格"键，可在英文输入法和中文输入法之间进行切换；按"Ctrl+Shift"键，可在各种输入法之间进行切换。

3.1.3　插入符号和特殊符号

一般在文档的输入中，除了输入一些汉字、数字和英文字母外，还要输入一些标点符号和特殊符号。标点符号和数字可直接从键盘上输入，但如果文本中需要输入一些符号或特殊的字符就需要通过插入来完成。

1. 插入符号

插入常用符号的具体操作步骤如下：

（1）将光标定位到要插入符号的位置。

（2）选择 插入(I) → 符号(S)... 命令，弹出如图 3.1.3 所示的 符号 对话框。

（3）选中需要插入的符号，单击 插入(I) 按钮，再单击 关闭 按钮即可插入所需符号。

（4）打开 特殊字符(P) 选项卡，如图 3.1.4 所示。

图 3.1.3 "符号"对话框　　　　　　　图 3.1.4 "特殊字符"选项卡

（5）选中需要插入的特殊字符，然后单击 插入(I) 按钮，再单击 关闭 按钮，即可完成特殊字符的插入。

提示：当用户需多次使用同一符号时，可为其定义一个快捷键，其操作方法为：在 符号 对话框中选择要多次使用的符号，单击 快捷键(K)... 按钮，弹出如图 3.1.5 所示的 自定义键盘 对话框。"命令"列表框中显示的是要多次使用的符号，用户可直接按要定义的快捷键，所定义的快捷键将显示在"请按新快捷键"文本框中，单击 指定(A) 按钮，再单击 关闭 按钮，即可完成插入符号的快捷键设置。

图 3.1.5 "自定义键盘"对话框

2. 插入特殊符号

如果要给文本中插入特殊符号，则按以下步骤进行操作：

（1）选择 插入(I) → 特殊符号(Y)... 命令，弹出 插入特殊符号 对话框，默认打开的是

标点符号 选项卡，如图 3.1.6 所示。

（2）除"标点符号"选项卡外，还包括了 5 个选项卡，分别是"特殊符号"选项卡、"数学符号"选项卡、"单位符号"选项卡、"数字序号"选项卡和"拼音"选项卡。

（3）选中所需符号，单击 确定 按钮，即可插入该符号。

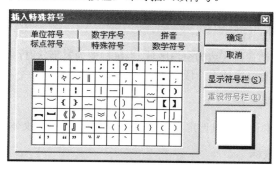

图 3.1.6 "插入特殊符号"对话框

3.1.4 插入日期和时间

在文档中不仅可以插入特殊符号和字符，还可根据需要插入所需的日期和时间，其具体操作步骤如下：

（1）将光标定位到要插入日期和时间的位置。

（2）选择 插入(I) → 日期和时间(T)... 命令，弹出如图 3.1.7 所示的 日期和时间 对话框。

（3）在对话框中的"可用格式"列表框中选择所需要的日期和时间格式；单击"语言（国家/地区）"列表框右端的下拉按钮，在弹出的下拉列表中选择所需的语言。

（4）设置完毕，单击 确定 按钮即可。

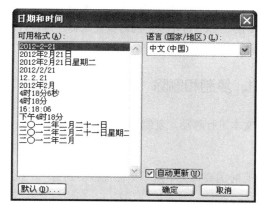

图 3.1.7 "日期和时间"对话框

3.2 修 改 文 本

在 Word 2003 中可对输入的文本进行选定、移动和复制、查找与替换、拼写检查、改写与插入、删除等操作。

3.2.1　选定文本

在 Windows 程序中，对某个对象进行操作前，应选定该对象。Word 也不例外，若要对某段文字进行处理，必须先将它选定。

1．使用鼠标选定文本

将鼠标指针定位在文档窗口左边的空白区域，当鼠标变为 形状时，单击鼠标即可选择一行文本，单击并拖动鼠标可选择多行文本或多个段落。

2．使用键盘选定文本

Word 2003 提供了一套使用键盘选定文本的方法，使用键盘选定文本的快捷键如表 3.1 所示。

3．同时使用键盘和鼠标

同时使用键盘和鼠标选择文本，可选定一些特殊的文本。

（1）选定一句话。按下"Ctrl"键，再单击鼠标左键即可选定鼠标所在位置的一整句话。选定的内容是从上一句号后开始，到下一个句号之间的文本。

表 3.1　使用键盘选定文本

快捷键	选择范围	快捷键	选择范围
Shift+←	左侧一个字符	Ctrl+Shift+↓	段尾
Shift+→	右侧一个字符	Shift+Page Up	上一屏
Shift+End	行尾	Shift+Page Down	下一屏
Shift+Home	行首	Ctrl+Alt+Page Down	窗口结尾
Shift+↓	下一行	Ctrl+Shift+Home	文档开始处
Shift+↑	上一行	Ctrl+A	整个文档
Ctrl+Shift+↑	段首	Ctrl+Shift+F8，然后使用箭头键	列文本块

（2）选定不连续的文本。先用鼠标选定第一个文本区域，按住"Ctrl"键不放，然后再选定其他不相邻的文本区域。将需要选定的文本选择完后，释放"Ctrl"键即可。

（3）选定垂直文本。按住"Alt"键不放，同时按住鼠标左键进行拖动。将需要选定的文本选择完后，释放"Alt"键和鼠标即可。

3.2.2　文本的移动、复制和删除

在 Word 中可对选定的文本进行移动、复制和删除等操作。

1．文本的移动

在编辑文本的过程中，有时需要将文本从一个位置移动到另一个位置，按以下操作步骤可实现文本的近距离移动。

（1）选定要移动的文本。

（2）移动鼠标到选定的文本上，按住鼠标左键，并将该文本块拖到目标位置，释放鼠标。

当移动的目标位置距原位置较远时，可用如下方法之一来实现文本的移动。

方法一：

（1）选定要移动的文本内容，按"Shift+Delete"快捷键。

（2）将光标移动到目标位置，再按"Shift+Insert"快捷键。

方法二：

（1）选定要移动的文本。

（2）选择 编辑(E) → 剪切(T)　　Ctrl+X 命令，或单击"常用"工具栏中的"剪切"按钮 ，或直接按"Ctrl+X"快捷键。

（3）将光标移动到目标位置，选择 编辑(E) → 粘贴(P)　　Ctrl+V 命令，或单击"常用"工具栏中的"粘贴"按钮 ，或直接按"Ctrl+V"快捷键。

注意：当拖放功能无法实现时，可选择 工具(T) → 选项(O)... 命令，弹出 选项 对话框，打开 编辑 选项卡，如图 3.2.1 所示。在"编辑选项"选项区域中选中 拖放式文字编辑(D) 复选框，单击 确定 按钮即可。

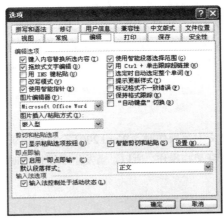

图 3.2.1　"编辑"选项卡

2. 复制文本

在编辑文本时，后面输入的内容与前面已输入过的内容相似或相近时，可采用复制文本的方法提高输入效率。复制文本就是将选中的文本内容复制到 Word 中的剪贴板上。复制文本的方法如下：

（1）选择 编辑(E) → 复制(C)　　Ctrl+C 命令。

（2）单击"常用"工具栏中的"复制"按钮 。

（3）在选定的文本中单击鼠标右键，从弹出的快捷菜单中选择 复制(C) 命令。

（4）使用"Ctrl+C"快捷键，这是最快的复制方法。

复制文件后，可将其粘贴到所需位置。粘贴文本的方法如下：

（1）选择 编辑(E) → 粘贴(P)　　Ctrl+V 命令。

（2）单击"常用"工具栏中的"粘贴"按钮 。

（3）在选定的文本中单击鼠标右键，从弹出的快捷菜单中选择 粘贴(P) 命令。

（4）使用"Ctrl+V"快捷键，这是最快的粘贴方法。

针对复制、粘贴中可能出现的格式问题，Word 2003 中提供了"粘贴选项"按钮 ，单击此按钮，弹出一个下拉菜单，如图 3.2.2 所示，在此下拉菜单中用户可选择一种合适的粘贴方式，避免之后对格式的修改。

注意：粘贴的对象不同时，粘贴选项按钮提供的选项也有所不同，甚至某些内容在粘贴后根本不出现粘贴按钮。这是因为 Word 2003 会根据粘贴内容来设置粘贴按钮选项，对图片等内容在文本中的插入，不会出现样式问题，所以粘贴选项按钮将不显示。

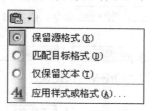

图 3.2.2　粘贴按钮和下拉菜单

3．文本的删除

通常在编辑文本过程中会出现错误或多余的文字，这就需对其进行删除操作。

删除单个字或者多个字的时候，可使用键盘上的"Backspace"键或"Del"键，其区别在于按"Backspace"键删除的是插入点前面的内容，而按"Delete"键删除的是插入点之后的内容。

删除大段文字最好的方法是：选定要删除的文字，然后按"Backspace"键或"Del"键即可。

3.2.3　撤销和恢复

在进行输入、删除和改写文本等操作时，Word 2003 会自动记录下最新操作和刚执行过的命令，这种存储功能可以帮助用户恢复某些操作。所以，当发生了误操作时，完全可以使用撤销和恢复功能来撤销和恢复操作。

1．撤销

单击"常用"工具栏中的"撤销"按钮 右侧的下拉箭头，Word 2003 将显示最近执行的可撤销操作的下拉菜单，在该下拉菜单中单击要撤销的操作即可。使用这种方法可以撤销上一步所做的任何操作。

2．恢复

单击"常用"工具栏中的"恢复"按钮 右侧的下拉箭头，即可显示出可恢复的操作的下拉菜单，在该下拉菜单中选择需要恢复的操作即可。用户在恢复某项操作的同时，也将恢复下拉菜单中该项操作以前的所有操作。

技巧：按快捷键"Ctrl+Z"可撤销上一步操作，按快捷键"Ctrl+Y"可恢复或重复操作。

3.2.4　查找与替换

有时要在一个很长的文档中找到需要修改的词语或短语，并且要找的词语或短语在文中还多次用到，要是让用户一个个去查找并修改，既浪费时间，效率不高且容易遗漏。针对此问题，Word 提供了方便的文档查找与替换功能。查找功能的使用方法如下：

（1）打开需要进行查找和替换的文档。

（2）选择 编辑(E) → 查找(F)... Ctrl+F 命令，或按"Ctrl+F"快捷键，弹出如图 3.2.3 所示的 查找和替换 对话框。

图 3.2.3　"查找和替换"对话框

（3）在"查找内容"文本框中输入要查找的文本内容，需要精确查找内容时，单击 高级 ▼ (M) 按钮，查找和替换 对话框扩展后如图 3.2.4 所示。

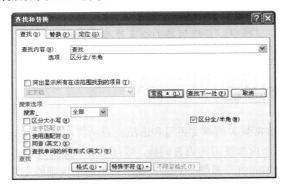

图 3.2.4　"查找和替换"对话框的扩展

（4）单击"搜索"列表框后的下拉按钮 ，可从中选择搜索的范围，包括"全部""向下"和"向上"。

（5）进行精确查找时，可根据需要选中"搜索选项"选项区域中的各复选框。

（6）设置好查找条件后，连续单击 查找下一处(F) 按钮，Word 将自动查找指定的字符串，并以高亮显示，直到文档的末尾。

（7）查找完毕后，系统将弹出如图 3.2.5 所示的提示框，提示用户已经完成对文档的搜索。将看到查找到的内容都以反白显示。

要替换文本中多次出现的某个词或词组可按以下步骤操作：

（1）在 查找和替换 对话框中，打开 替换(P) 选项卡，并单击 高级 ▼ (M) 按钮显示所有查找项目，如图 3.2.6 所示。

图 3.2.5　搜索完毕提示框

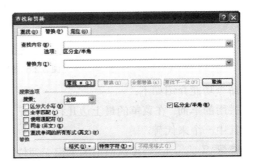

图 3.2.6　"替换"选项卡

（2）在"查找内容"文本框中输入要查找的内容，在"替换为"文本框中输入要替换的内容。

（3）在"搜索选项"选项区域中进行精确的替换设置。

（4）单击 替换(R) 按钮，替换当前查找的内容；单击 全部替换(A) 按钮，替换文中所有满足条件的内容。

（5）替换完成后，系统弹出如图 3.2.7 所示的提示框。

图 3.2.7　替换完毕提示框

提示： 在替换过程中，查找到某个不需替换的内容时，可单击 查找下一处(F) 按钮，而不对其进行替换。

3.2.5　拼写和语法检查

Word 2003 不但具有非常强大的英文拼写和语法检查功能，而且还具有独特的中文校对功能。

Office 2003 提供了一个内部使用的语言词典，可自动对一些拼写和语法错误进行检查，当用户输入的单词与词典中的单词不同时，系统会对输入的不合乎语法规则的文字标出红色或绿色的波浪线，提醒用户更改。

对系统标出的这些不合乎语法规则的文字，经检查后是正确的，可忽略不管，且系统标出的这些波浪线是不会被打印出来的，若是错误的，则需修改。修改可采用手工修改，也可自动修改。自动修改的方法如下：

（1）在有错误标记的地方，单击鼠标右键，弹出如图 3.2.8 所示的快捷菜单。

图 3.2.8　错误修改菜单

其各命令功能介绍如下：

建议替用的单词：在菜单的最上边几行列出了系统建议用户选用的一些单词，可根据当前文本的需要选择其中一个来代替。

全部忽略(I) ：当被标记出的单词无须修改时，选择此命令，此后再检查到这类单词，系统将不再为其添加波浪线。

添加到词典(A) ：若带波浪线的词是正确的，则选择此命令把该词添加到系统词典中，以后再输入这类词时，系统就不再给出错误提示。

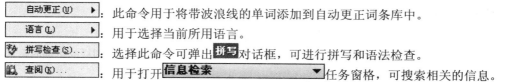

自动更正(U) ▶：此命令用于将带波浪线的单词添加到自动更正词条库中。

语言(L) ▶：用于选择当前所用语言。

拼写检查(S)...：选择此命令可弹出 **拼写** 对话框，可进行拼写和语法检查。

查阅(K)...：用于打开 **信息检索** 任务窗格，可搜索相关的信息。

（2）选择所需的命令即可修改文本中的错误。用户在输入文本时，也可以不让系统自动标出错误标记，当输入完所有文本内容后进行统一的拼写和语法检查。其操作步骤如下：

（1）选择 **工具(T)** → **选项(O)...** 命令，弹出 **选项** 对话框，打开 **拼写和语法** 选项卡，如图 3.2.9 所示。

图 3.2.9 "拼写和语法"选项卡

（2）选中 ☑ **隐藏文档中的拼写错误(S)** 复选框，可隐藏文档中的拼写错误而不显示波浪线标记。也可根据需要选中其他复选框。

（3）单击 **确定** 按钮，关闭对话框后，即使输入了错误的单词，系统也不会出现错误提示。

（4）在输入完文本后，要对文本进行拼写和语法检查，可单击"常用"工具栏中的"拼写和语法"按钮，或选择 **工具(T)** → **拼写检查(S)...** F7 命令，弹出 **拼写和语法：英语（美国）** 对话框，如图 3.2.10 所示。

图 3.2.10 "拼写和语法：英语（美国）"对话框

该对话框中各选项功能介绍如下：

忽略一次(I)：单击此按钮，可忽略一个带波浪线的单词，并继续检查。

全部忽略(G)：单击此按钮，可将文本中所有带波浪线的单词忽略。

添加到词典(A)：此按钮用于将文档中的单词添加到词典中，在以后输入同样的单词时，系统将不作为错误处理。

更改(C)：在“建议”列表框中选择所需的单词代替出错的单词。

全部更改(L)：用“建议”列表框中选中的单词代替所有出错的单词。

自动更正(R)：将出错的单词添加到自动更正词条库中，这样以后就不把它作为错误处理。

☑ 检查语法(K)：选中此复选框，系统会同时检查语法错误。

注意：可在“词典语言”列表框中选择不同的语言词典。

3.2.6 改写与插入

在 Word 中修改文本内容，有改写和插入两种方法。

1. 改写

在改写状态下，输入文字时，光标后的文字同时也被覆盖，以实现对文档的修改。一般不常用此方式修改文本内容，是因为这样将会使原来的文字丢失。其优点是能覆盖无用的文字，节省文本空间，特别是对一些已经固定好格式的文档，这种功能不但不会破坏已有格式，而且节省修改时间。

2. 插入

默认情况下的文本处于插入状态，此时输入的文字出现在光标所在的位置，而该位置之后的所有字符将依次向后移动，并且向后移动的文档会自动换行。

提示：改写与插入的切换可通过“Insert”键来实现，也可通过鼠标双击状态栏上的改写指示器按钮来实现。

3.3 应用实例——编辑“桂林简介”文档（一）

本例通过编辑“桂林简介”文档，使用户掌握文档的输入和修改的各种方法，最终效果如图 3.3.1 所示。

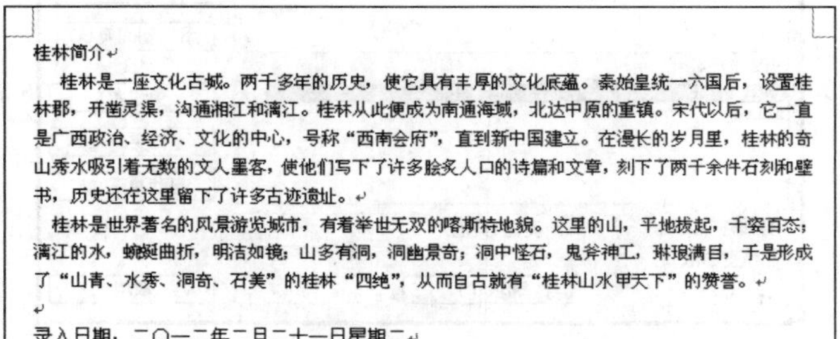

桂林简介

桂林是一座文化古城。两千多年的历史，使它具有丰厚的文化底蕴。秦始皇统一六国后，设置桂林郡，开凿灵渠，沟通湘江和漓江。桂林从此便成为南通海域，北达中原的重镇。宋代以后，它一直是广西政治、经济、文化的中心，号称“西南会府”，直到新中国建立。在漫长的岁月里，桂林的奇山秀水吸引着无数的文人墨客，使他们写下了许多脍炙人口的诗篇和文章，刻下了两千余件石刻和壁书，历史还在这里留下了许多古迹遗址。

桂林是世界著名的风景游览城市，有着举世无双的喀斯特地貌。这里的山，平地拔起，千姿百态；漓江的水，蜿蜒曲折，明洁如镜；山多有洞，洞幽景奇；洞中怪石，鬼斧神工，琳琅满目，于是形成了“山青、水秀、洞奇、石美”的桂林“四绝”，从而自古就有“桂林山水甲天下”的赞誉。

录入日期：二〇一二年二月二十一日星期二

图 3.3.1　最终效果图

操作步骤

（1）启动 Word 2003，单击常用工具栏上的“新建文档”按钮，新建一个“桂林简介”文档。

（2）切换到五笔输入法，将光标置于第一行中，输入文本“桂林简介”。

（3）按“Enter”键，在下一行按两次空格键继续输入其余文本，如图 3.3.2 所示。

桂林简介

　　桂林是世界著名的风景游览城市，有着举世无双的喀斯特地貌。这里的山，平地拔起，千姿百态；漓江的水，蜿蜒曲折，明洁如镜；山多有洞，洞幽景奇；洞中怪石，鬼斧神工，琳琅满目，于是形成了“山青、水秀、洞奇、石美”的桂林“四绝”，而自古就有“桂林山水甲天下”的赞誉。

　　桂林是一座文化古城。两千多年的历史，使它具有丰厚的文化底蕴。秦始皇统一六国后，设置桂林郡，开凿灵渠，沟通湘江和漓江。桂林从此便成为南通海域，北达中原的重镇。宋代以后，它一直是广西政治、经济、文化的中心，号称“西南会府”，直到新中国建立。在漫长的岁月里，桂林的奇山秀水吸引着无数的文人墨客，使他们写下了许多脍炙人口的诗篇和文章，刻下了两千余件石刻和壁书，历史还在这里留下了许多古迹遗址。

图 3.3.2　输入的文本

（4）将鼠标指针定位在第一段文档左边的空白区域，当鼠标变为形状时，单击并拖动鼠标选择第一段文本，如图 3.3.3 所示。

桂林简介

　　桂林是世界著名的风景游览城市，有着举世无双的喀斯特地貌。这里的山，平地拔起，千姿百态；漓江的水，蜿蜒曲折，明洁如镜；山多有洞，洞幽景奇；洞中怪石，鬼斧神工，琳琅满目，于是形成了“山青、水秀、洞奇、石美”的桂林“四绝”，而自古就有“桂林山水甲天下”的赞誉。

　　桂林是一座文化古城。两千多年的历史，使它具有丰厚的文化底蕴。秦始皇统一六国后，设置桂林郡，开凿灵渠，沟通湘江和漓江。桂林从此便成为南通海域，北达中原的重镇。宋代以后，它一直是广西政治、经济、文化的中心，号称“西南会府”，直到新中国建立。在漫长的岁月里，桂林的奇山秀水吸引着无数的文人墨客，使他们写下了许多脍炙人口的诗篇和文章，刻下了两千余件石刻和壁书，历史还在这里留下了许多古迹遗址。

图 3.3.3　选定文本

（5）按住鼠标左键，将该文本块拖到第二段，然后释放鼠标，效果如图 3.3.4 所示。

桂林简介

　　桂林是一座文化古城。两千多年的历史，使它具有丰厚的文化底蕴。秦始皇统一六国后，设置桂林郡，开凿灵渠，沟通湘江和漓江。桂林从此便成为南通海域，北达中原的重镇。宋代以后，它一直是广西政治、经济、文化的中心，号称“西南会府”，直到新中国建立。在漫长的岁月里，桂林的奇山秀水吸引着无数的文人墨客，使他们写下了许多脍炙人口的诗篇和文章，刻下了两千余件石刻和壁书，历史还在这里留下了许多古迹遗址。

　　桂林是世界著名的风景游览城市，有着举世无双的喀斯特地貌。这里的山，平地拔起，千姿百态；漓江的水，蜿蜒曲折，明洁如镜；山多有洞，洞幽景奇；洞中怪石，鬼斧神工，琳琅满目，于是形成了“山青、水秀、洞奇、石美”的桂林“四绝”，而自古就有“桂林山水甲天下”的赞誉。

图 3.3.4　移动文本

（6）将光标定位在“而”之前，在插入状态下输入“从”，如图 3.3.5 所示。

桂林简介

　　桂林是一座文化古城。两千多年的历史，使它具有丰厚的文化底蕴。秦始皇统一六国后，设置桂林郡，开凿灵渠，沟通湘江和漓江。桂林从此便成为南通海域，北达中原的重镇。宋代以后，它一直是广西政治、经济、文化的中心，号称“西南会府”，直到新中国建立。在漫长的岁月里，桂林的奇山秀水吸引着无数的文人墨客，使他们写下了许多脍炙人口的诗篇和文章，刻下了两千余件石刻和壁书，历史还在这里留下了许多古迹遗址。

　　桂林是世界著名的风景游览城市，有着举世无双的喀斯特地貌。这里的山，平地拔起，千姿百态；漓江的水，蜿蜒曲折，明洁如镜；山多有洞，洞幽景奇；洞中怪石，鬼斧神工，琳琅满目，于是形成了“山青、水秀、洞奇、石美”的桂林“四绝”，从而自古就有“桂林山水甲天下”的赞誉。

图 3.3.5　在插入状态下输入文本

（7）将光标定位到文档最末一行，输入文本"录入日期："，并在其后插入日期。

（8）选择 插入(I) → 日期和时间(T)... 命令，弹出 日期和时间 对话框。在"可用格式"列表框中选择所需要的日期格式，如图 3.3.6 所示。

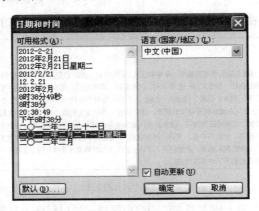

图 3.3.6　选择日期格式

（9）单击 确定 按钮，即可插入日期"二〇一二年二月二十一日星期二"，最终效果如图 3.3.1 所示。

本 章 小 结

本章主要介绍了文本的编辑，包括输入文本和修改文本。通过本章的学习，用户可以掌握 Word 文档编排的基本方法，综合使用这些方法可以大幅度提高文档编辑的效率。

实 训 练 习

一、填空题

1．在文档编辑区的左上角有一个闪烁的竖线，称为＿＿＿＿＿，用来指示下一个字符输入的位置。

2．在 Word 中，如果要选定整个文档，使用快捷键＿＿＿＿＿即可。

3．Word 中修改文本内容，有＿＿＿＿和＿＿＿＿两种方法。

4．在 Word 中，若用户选择了文本块，按＿＿＿＿＿键可以删除所选定的文本。

5．选中文本块后，按＿＿＿＿＿键拖动鼠标到目标处即可实现文本的复制。

二、选择题

1．在 Word 编辑状态下，当前输入的文字显示在（　　）。

　　A．鼠标光标处　　　　　　　　　　B．插入点处

　　C．文件尾部　　　　　　　　　　　D．当前行的尾部

2．如果当前打开了多个文档，单击当前文档窗口的关闭按钮，（　　）窗口。

　　A．关闭 Word　　　　　　　　　　B．关闭当前文档

　　C．关闭所有文档　　　　　　　　　D．关闭非当前文档

3. 如果当前插入点在段落的末尾，按"Delete"键则会（ ）。

    A．删除当前段落   B．删除前面的字符

    C．删除当前段落的格式   D．当前段落和下一段落合并

4. 把指针移到段落左边空白处，使指针变成右指的箭头，若（ ）则选定该段落。

    A．单击鼠标左键   B．单击鼠标右键

    C．双击鼠标左键   D．双击鼠标右键

5. 如果先把鼠标定位在文档中的某处，然后按住左键移动，移动到另一位置后放开，该操作实际上是（ ）。

    A．复制文字   B．删除文字

    C．移动文字   D．选定文字

6. 在执行"查找"命令时，查找内容为"OFF"，如果选择了（ ）复选框，则"OFF"不会被查到。

    A．区分大小写   B．区分全半角

    C．全字匹配   D．使用通配符

7. 在输入文本时，按"Enter"键产生了（ ）。

    A．回车   B．段落标记

    C．分节符   D．分页符

8. 要将文档中选定的文字移动到指定的位置去，首先对它进行的操作是选择（ ）。

    A．![编辑(E)] → ![复制(C) Ctrl+C]命令

    B．![编辑(E)] → ![剪切(T) Ctrl+X]命令

    C．![编辑(E)] → ![清除(A) ▶]命令

    D．![编辑(E)] → ![粘贴(P) Ctrl+V]命令

三、简答题

1. 在 Word 2003 中，文本输入应注意哪几点？

2．对选定的文本执行 ![编辑(E)] 菜单中的 ![剪切(T) Ctrl+X] 命令和 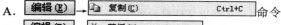![复制(C) Ctrl+C]命令的区别是什么？

四、上机操作题

1. 打开一篇文档，练习查找与替换操作方法。

2. 输入文本，用系统提供的拼写和语法检查功能来实现文本的修改。

第 4 章 文本格式编辑

Word 是"所见即所得"的文字处理软件，在屏幕中显示的格式即是实际打印出来的格式，这给用户提供了极大的方便。为了使做出的文档更加漂亮、美观且便于阅读，必须对文本进行必要的编辑。

知识要点

- ◉ 设置字符格式
- ◉ 美化文本
- ◉ 设置段落格式
- ◉ 添加项目符号和编号
- ◉ 设置制表位
- ◉ 设置特殊格式

4.1 设置字符格式

Word 2003 中提供了丰富的字符格式，供用户在编辑文档时设置使用。设置不同的字符格式，可使字符在屏幕上的显示和打印形式与众不同。对不同的文本内容设置不同的字符格式，可使整个文本内容结构清晰、层次分明，阅读起来一目了然。

4.1.1 设置字体

启动 Word 2003 后，系统默认中文字体是宋体，英文字体为 Times New Roman（新罗马），设置字体可用以下两种方法。

1. 用"字体"列表框设置字体

利用"格式"工具栏中的"字体"列表框可方便地改变字体格式，其具体操作步骤如下：

（1）在文档中选中需要设置字体的文本。

（2）单击"格式"工具栏中的"字体"下拉列表框右侧的下拉按钮，弹出如图 4.1.1 所示的"字体"下拉列表。

（3）在该下拉列表中选择所需的字体，效果如图 4.1.2 所示。

图 4.1.1 "字体"下拉列表

图 4.1.2 设置文本字体效果

2．用菜单命令设置字体

用菜单命令设置字体的具体操作步骤如下：

（1）选中要改变字体的文本内容。

（2）选择 格式(O) → A 字体(F)… 命令，或在选中的文本中单击鼠标右键，从弹出的快捷菜单中选择 A 字体(F)… 命令，弹出如图 4.1.3 所示的 字体 对话框。

图 4.1.3　"字体"对话框

（3）单击"中文字体"或"西文字体"列表框右侧的下拉按钮 ，可从弹出的下拉列表中选择所需的字体。

（4）设置完毕，单击 确定 按钮即可。

4.1.2　设置字号

字号即字体的大小。根据内容需要可设置不同的字号。汉字对字体大小的计量单位是"号"，而阿拉伯数字表示的字号使用的单位是"磅"（1 磅=1/72 英寸=0.352 毫米）。"号"与"磅"间的换算关系是：八号=5 磅。Word 2003 中文版的默认字号是五号。

1．用"字号"列表框设置字号

利用"格式"工具栏中的"字号"列表框可方便地改变字体大小，其具体操作步骤如下：

（1）选中要改变字号的文本内容。

（2）单击"格式"工具栏中"字号"列表框右侧的下拉按钮 ，弹出"字号"下拉列表，如图 4.1.4 所示，从中选择所需字号即可。

设置字号后的效果如图 4.1.5 所示。

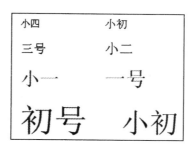

图 4.1.4　"字号"下拉列表　　　　图 4.1.5　设置字号效果

2. 用菜单命令设置字号

用菜单命令设置字号的具体操作步骤如下：

（1）选中要改变字号的文本内容。

（2）选择 格式(O) → A 字体(F)... 命令，或在选中的文本中单击鼠标右键，从弹出的快捷菜单中选择 A 字体(F)... 命令，弹出如图 4.1.3 所示的 字体 对话框。

（3）拖动"字号"列表框右侧的滚动条，可从列表中选择所需的字号。

（4）设置完毕，单击 确定 按钮即可。

4.1.3 设置字形

字形指的是文档中文字的显示属性，包括常规、倾斜和加粗。Word 默认的字形是没有加粗和倾斜的常规样式。设置或改变字形可单击"常用"工具栏中的"加粗"按钮 **B** 和"倾斜"按钮 *I*，或通过 字体 对话框来完成。设置字形的具体操作步骤如下：

（1）选中要设置字形的文本内容。

（2）单击"常用"工具栏中相应字形按钮，或在 字体 对话框中的"字形"下拉列表中选择所需字形，单击 确定 按钮即可。

注意：在"格式"工具栏的"字体""字号"和"字形"列表框中显示的是当前插入点字符的格式，如不重新设置，显示的字体、字号和字形将用于下一个输入的字符。用于加粗和倾斜的快捷键分别为"Ctrl+B"和"Ctrl+I"。

4.2 美 化 文 本

在编辑文档时，可对文本进行一些外观上的修饰，以达到美观的效果。Word 2003 中提供了文字上下标、下画线、着重号、字符间距、位置、特殊效果、文本边框和底纹等文字效果。

4.2.1 设置字体效果

在文本中，有时需要强调文本中的部分内容，使其更加醒目，因此可为文本中的文字设置个性化的字体效果。

1. 设置字体颜色

设置字体颜色可用以下两种方法。

方法一：利用"格式"工具栏设置字体颜色。具体操作步骤如下：

（1）选中要改变颜色的文本内容。

（2）单击"格式"工具栏中的"字体颜色"按钮 **A·**，可将所选文字设置成按钮上显示的颜色。

（3）将所选文字设置为其他颜色，可单击"字体颜色"按钮后的下拉按钮·，弹出如图 4.2.1 所示的颜色列表。

（4）可从颜色列表中选择所需颜色。

（5）选择 其他颜色... 选项，弹出如图 4.2.2 所示的 颜色 对话框。

图 4.2.1　"字体颜色"列表

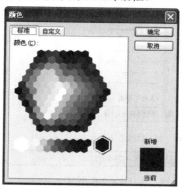

图 4.2.2　"颜色"对话框

（6）从该对话框中可选取更多的颜色。

（7）单击 确定 按钮即可完成字体颜色设置。

方法二：利用菜单命令设置字体颜色。具体操作步骤如下：

（1）选中要改变颜色的文本内容。

（2）选择 格式(O) → A 字体(F)... 命令，弹出如图 4.2.3 所示的 字体 对话框。

图 4.2.3　"字体"对话框

（3）单击"字体颜色"列表框右侧的下拉按钮，从弹出的颜色列表中选择所需颜色即可。

2．添加下画线

要标记出文本中的部分内容时，可为文本添加下画线。为文本添加下画线的具体操作步骤如下：

（1）选中要添加下画线的文本内容。

（2）单击"格式"工具栏中的"下画线"按钮，可为文本添加系统默认的下画线类型。

（3）单击"下画线"按钮右侧的下拉按钮，弹出如图 4.2.4 所示的"下画线"下拉菜单。

（4）选择一种合适的下画线。

（5）选择 下划线颜色(U) ▶ 选项，弹出如图 4.2.5 所示的"下画线颜色"列表，可从中选择一种合适的颜色。

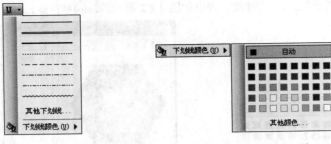

图 4.2.4　"下画线"下拉菜单　　　　　图 4.2.5　"下画线颜色"列表

（6）选择 格式(O) → A 字体(F)... 命令，或在"下画线"下拉菜单中选择 其他下划线... 选项，弹出 字体 对话框，如图 4.2.6 所示。

图 4.2.6　"字体"对话框

（7）单击"下画线线型"列表框右边的下拉按钮 ⌄ ，从弹出的列表中选择一种下画线，则下画线颜色列表框被激活。

（8）单击"下画线颜色"列表框右边的下拉按钮 ⌄ ，可从颜色列表选择所需颜色。

（9）单击 确定 按钮即可。

提示：为所选内容添加下画线的快捷方法是按"Ctrl+U"快捷键。

3．添加着重号

在文本中强调某些内容时，常常给被强调的内容加上着重号，Word 中为文本添加着重号的具体操作步骤如下：

（1）选中要强调的文本内容。

（2）选择 格式(O) → A 字体(F)... 命令，弹出 字体 对话框，单击"着重号"列表框右边的下拉按钮 ⌄ ，弹出"着重号"下拉列表，如图 4.2.7 所示。

（3）选中着重号选项，单击 确定 按钮即可。

4．其他字体效果

除可为文字设置颜色、添加下画线和着重号，还可设置文字删除线、双删除线、上下标、阴影、空心、阳文、阴文、小型大写字母、全部大写字母和隐藏文字等效果。其具体操作步骤如下：

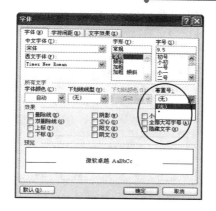

图 4.2.7　"字体"对话框的"着重号"下拉列表

（1）选中要设置效果的文本内容。

（2）选择 格式(O) → A 字体(F)... 命令，弹出 字体 对话框，在"效果"选项区域中列出了文字的各种效果。

（3）选中所需效果的复选框，可选中多个复选框，设置多种效果。

（4）单击 确定 按钮即可。

提示：若将设置好的字体效果应用于所有将要编辑的内容，单击 字体 对话框中的 默认(D)... 按钮，弹出如图 4.2.8 所示的系统提示框，单击 是(Y) 按钮即可。

图 4.2.8　系统提示框

4.2.2　设置字间距

在编辑 Word 文本时，可根据需要对文本文字的间距和位置进行设置。设置字符间距的具体操作步骤如下：

（1）选中需设置字符间距的文本内容。

（2）选择 格式(O) → A 字体(F)... 命令，弹出 字体 对话框，打开 字符间距(R) 选项卡，如图 4.2.9 所示。

该选项卡中各选项功能介绍如下：

"缩放"：单击其列表框右边的下拉按钮 ，可从弹出的下拉列表中选择缩放文字比例，也可直接输入所需缩放比例。

"间距"：单击其列表框右边的下拉按钮 ，可从弹出的下拉列表中选择"标准""加宽"或"紧缩"选项，在其后的"磅值"微调框中输入所需磅值。

"位置"：是用来设置文字的水平位置，包括"标准""提升"和"降低"，在其后的"磅值"微调框中输入所需磅值。

（3）设置完成后，单击 确定 按钮，效果如图 4.2.10 所示。

图 4.2.9　"字符间距"选项卡

图 4.2.10　加宽字符间距并提升字符效果

4.2.3　设置文字的动态效果

在 Word 文档中也可为文字设置动态效果，其具体操作步骤如下：

（1）选中要设置动态效果的文字。

（2）选择 格式(O) → A 字体(F)... 命令，弹出 字体 对话框，打开 文字效果(X) 选项卡，如图 4.2.11 所示。

图 4.2.11　"文字效果"选项卡

（3）从"动态效果"列表框中选择一种文字效果，在"预览"选项区域中可看到所选文字效果。

（4）单击 确定 按钮，即可为文字添加动态效果，如图 4.2.12 所示。

图 4.2.12　添加动态效果

4.2.4　添加边框和底纹

为了突出文本中某些文字、单元格、表格、图形和段落的显示效果，可给它们添加边框或底纹。

1．添加边框

在 Word 2003 中可以为文字设置边框。其具体操作步骤如下：

（1）选中要设置边框的文字内容。

（2）选择 `格式(O)` → `边框和底纹(B)...` 命令，弹出 `边框和底纹` 对话框，默认打开的是 `边框(B)` 选项卡，如图 4.2.13 所示。

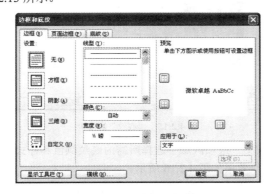

图 4.2.13　"边框"选项卡

（3）在选项卡中的"设置"选项区域中选择所需的边框类型。

（4）在选项卡中的"线型"选项区域中选择所需线型，在"颜色"下拉列表中选择边框的颜色，在"宽度"下拉列表中选择边框线的宽度类型。

（5）在"应用于"下拉列表中选择边框应用的范围。

（6）设置完后，单击 `确定` 按钮，效果如图 4.2.14 所示。

> 结果不言自明，儿子惨死于乱军之中。拂开蒙蒙的硝烟，父亲拣起那柄断箭，沉重地啐一口道："不相信自己的意志，永远也做不成将军。"
>
> 把胜败寄托在一只宝箭上，多么愚蠢，而当一个人把生命的核心与把柄交给别人，又多么危险！比如把希望寄托在儿女身上；把幸福寄托在丈夫身上；把生活保障寄托在单位身上……
>
> 温馨提示：自己才是一只箭，若要它坚韧，若要它锋利，若要它百步穿杨，百发百中，磨砺它，拯救它的都只能是自己。

图 4.2.14　添加边框效果

提示：为文字设置边框最快捷的方法是单击"格式"工具栏中的"字符边框"按钮 **A**，但此方法为文字添加的是系统默认的边框类型。

2. 添加底纹

在 Word 2003 中，为文字添加底纹的具体操作步骤如下：

（1）选中要添加底纹的文字内容。

（2）选择 格式(O) → 边框和底纹(B)... 命令，弹出 边框和底纹 对话框，打开 底纹(S) 选项卡，如图 4.2.15 所示。

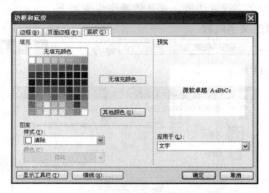

图 4.2.15　"底纹"选项卡

（3）在"填充"和"图案"选项区域中选择所需的底纹颜色和样式，单击 确定 按钮为文档添加的边框和底纹效果如图 4.2.16 所示。

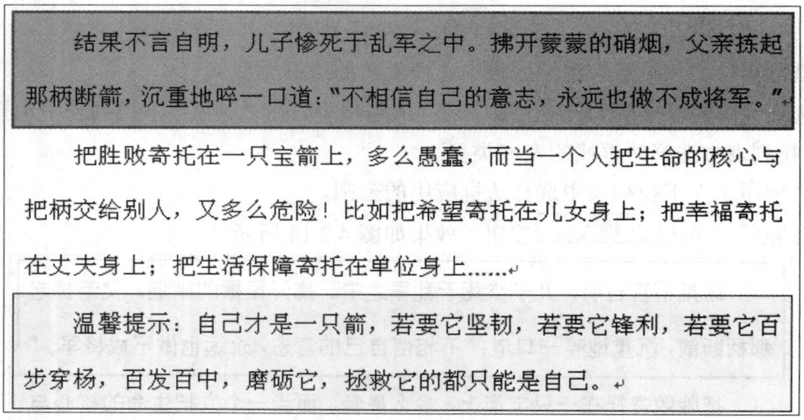

> 结果不言自明，儿子惨死于乱军之中。拂开蒙蒙的硝烟，父亲拣起那柄断箭，沉重地啐一口道："不相信自己的意志，永远也做不成将军。"
>
> 　　把胜败寄托在一只宝箭上，多么愚蠢，而当一个人把生命的核心与把柄交给别人，又多么危险！比如把希望寄托在儿女身上；把幸福寄托在丈夫身上；把生活保障寄托在单位身上……
>
> 　　温馨提示：自己才是一只箭，若要它坚韧，若要它锋利，若要它百步穿杨，百发百中，磨砺它，拯救它的都只能是自己。

图 4.2.16　添加的边框和底纹效果

提示：用户也可单击"格式"工具栏中的"字符底纹"按钮 A 来为文字添加底纹，但这种方法只能有一种灰度。如果要取消字符底纹设置，可选中添加字符底纹的文字，再次单击"字符底纹"按钮 A 即可。

3. 添加页面边框

除了可为页面中的文字添加边框，也可为整个页面添加边框。其具体操作步骤如下：

（1）将光标置于要添加页面边框的页面中任意位置。

（2）选择 格式(O) → 边框和底纹(B)... 命令，弹出 边框和底纹 对话框，打开 页面边框(P) 选项卡，如图 4.2.17 所示。

图 4.2.17　"页面边框"选项卡

（3）与 边框(B) 选项卡不同的是 页面边框(P) 选项卡中多了个"艺术型"下拉列表，单击下拉列表
框右边的下拉按钮 ，弹出如图 4.2.18 所示的边框样式列表。

图 4.2.18　"艺术型"边框样式列表

（4）从列表中选择一种合适的边框类型。

（5）此选项卡中其他设置同 边框(B) 选项卡，设置完成后，单击 确定 按钮即可。

4.3　设置段落格式

段落是文章的一个基本单位，是文章的重要格式之一。段落的编辑是文章编辑的重要组成部分。
Word 中的段落是指两个回车符"↵"之间的文本内容，每个段落结束处都会显示此标记。显示段落
标记，可选择 视图(V) → ✓ 显示段落标记(S) 命令。段落标记不会被打印出来，仅起指示作用。

4.3.1　段落的对齐方式

对齐方式是指文本在页面中水平或垂直的排列方式。Word 2003 中的段落对齐方式包括左对齐、
两端对齐、居中对齐、右对齐和分散对齐 5 种，可使用格式工具栏中的对齐按钮或 段落 对话框中的
"对齐方式"下拉列表来设置段落的对齐方式。

1．设置段落的水平对齐方式

设置段落水平对齐方式的具体操作步骤如下：

（1）选中要对齐的段落，或将插入点移到要对齐的段落中的任意位置。

（2）选择 格式(O) → 段落(P)… 命令，弹出 段落 对话框，默认打开的是 缩进和间距(I)
选项卡，如图 4.3.1 所示。

（3）在"常规"区域中，单击"对齐方式"下拉列表框右边的下拉按钮 ，从弹出的"对齐方
式"下拉列表中选择所需的对齐方式。

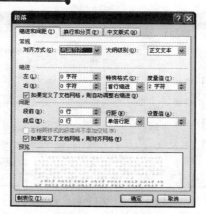

图 4.3.1 "段落"对话框

（4）在"预览"框中可以预览其效果，单击 确定 按钮，效果如图 4.3.2 所示。

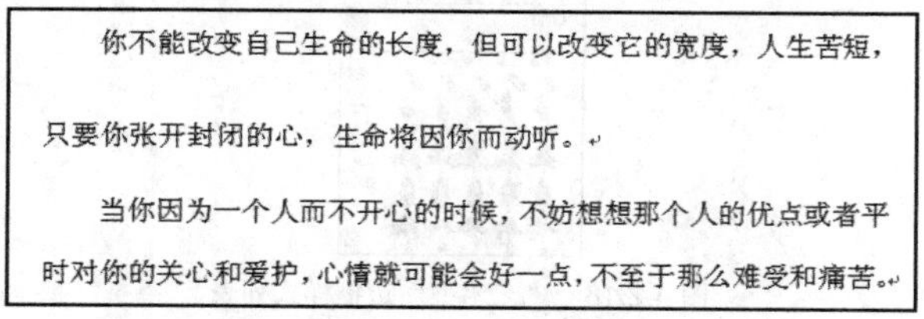

你不能改变自己生命的长度，但可以改变它的宽度，人生苦短，

只要你张开封闭的心，生命将因你而动听。

当你因为一个人而不开心的时候，不妨想想那个人的优点或者平

时对你的关心和爱护，心情就可能会好一点，不至于那么难受和痛苦。

图 4.3.2 设置段落间距和行距的效果

注意：设置段落对齐时最快捷的方法是：选中要对齐的段落后，单击"格式"工具栏中相应的对齐方式按钮即可。也可在选中要对齐的段落后使用对齐方式的快捷键："Ctrl+L"（左对齐）、"Ctrl+J"（两端对齐）、"Ctrl+E"（居中对齐）、"Ctrl+R"（右对齐）和"Ctrl+Shift+J"（分散对齐）。

2．设置段落的垂直对齐方式

除了可设置段落的水平对齐方式，还可设置段落的垂直对齐方式。当一段文字中使用了不同的字号时，可以将这些文字在垂直方向上设置成不同的对齐方式，使其产生特殊的效果。段落的垂直对齐方式包括以下几种：

顶端对齐：以中文字符顶端为准，段落各行的中、英文字符顶端对齐。

中间对齐：以中文字符中线为准，段落各行的中、英文字符中线对齐。

基线对齐：段落各行中的英文字符中线稍高于中文字符中线，以符合中文出版规则。

底端对齐：以中文字符底端为准，段落各行的中、英文字符底端对齐。

自动：自动调整字符的对齐方式。

设置段落垂直对齐方式的具体操作步骤如下：

（1）将插入点移到要对齐的段落中的任意位置，或选中要对齐的段落。

（2）选择 格式(O) → 段落(P)... 命令，弹出 段落 对话框，打开 中文版式(H) 选项卡，如图 4.3.3 所示。

（3）单击"文本对齐方式"下拉列表框右边的下拉按钮，从弹出的"对齐方式"下拉列表中选择一种对齐方式。

（4）设置完成后，单击 确定 按钮即可。

图 4.3.3　"中文版式"选项卡

4.3.2　段落缩进

段落缩进是指改变文本和页边距之间的距离，为段落设置缩进可使文档段落更加清晰和易读。Word 中的段落缩进包括首行缩进、悬挂缩进、左缩进和右缩进。各缩进功能介绍如下：

首行缩进：可控制段落第一行第一个字的起始位置。

悬挂缩进：可控制段落第一行以外的其他各行的起始位置。

左缩进：可控制整个段落左边界的位置。

右缩进：可控制整个段落右边界的位置。

1．用标尺设置缩进

用水平标尺设置缩进是进行段落缩进最方便的方法。水平标尺如图 4.3.4 所示。

图 4.3.4　水平标尺

用水平标尺对段落进行缩进的具体操作步骤如下：

（1）将插入点置于段落中的任意位置（用于单个段落的缩进），或选择要缩进的段落（用于多个段落的缩进）。

（2）用鼠标拖动标尺上的段落缩进滑块即可。

提示：（1）在缩进的同时按住"Alt"键，将在标尺上显示缩进的准确数值。

（2）在 Word 2003 中，单击"制表符"按钮 时，会发现除制表符外还有首行缩进和悬挂缩进两个符号，选中这两个符号，再在标尺的适当位置单击，可设置相应的段落对齐方式。

2．用"格式"工具栏设置缩进

用"格式"工具栏设置缩进的操作步骤如下：

（1）将光标置于要缩进的文本位置。

（2）单击"减少缩进量"按钮📇，将当前段落右移一个默认制表位的距离；单击"增加缩进量"按钮📇，可将当前段落左移一个默认制表位的距离。

（3）根据需要多次单击按钮可达到缩进目的。

3. 用对话框设置缩进

用对话框设置缩进的具体操作步骤如下：

（1）选择 格式(O) → 段落(P)... 命令，弹出 段落 对话框，打开 缩进和间距(I) 选项卡，如图 4.3.5 所示。

图 4.3.5 "缩进和间距"选项卡

（2）在该选项卡中的"缩进"选项区域中可精确设置段落"左""右"缩进的字符值；也可单击"特殊格式"下拉列表框右边的下拉按钮✔，从弹出的下拉列表中选择"首行缩进"或"悬挂缩进"选项，在"度量值"微调框中输入特殊格式缩进的字符值。

（3）单击 确定 按钮即可。

4. 使用"Tab"键设置缩进

还可以用"Tab"键方便地设置左缩进，其具体操作步骤如下：

（1）选择 工具(T) → 自动更正选项(A)... 命令，弹出 自动更正 对话框，打开 键入时自动套用格式 选项卡，如图 4.3.6 所示。

图 4.3.6 "键入时自动套用格式"选项卡

（2）选中 ☑ 用 Tab 和 Backspace 设置左缩进和首行缩进 复选框。

（3）单击 确定 按钮，即可完成用"Tab"键设置段落的缩进。

（4）设置完成后，将光标置于某一段文本的开始处，然后按"Tab"键，可看到文本缩进的效果。

（5）按"Backspace"键可取消缩进。

4.3.3　行间距和段落间距

行间距、段落间距指的是文档中各行或各段落之间的间隔距离。Word 2003 提供了"单倍行距""1.5 倍行距""2 倍行距""最小值""固定值"和"多倍行距"6 种设置，系统默认为"单倍行距"。

1．设置行间距

设置行间距的具体操作步骤如下：

（1）选择要改变行间距的文本内容。

（2）选择 格式(O) → 段落(P)... 命令，弹出 段落 对话框，打开 缩进和间距(I) 选项卡，如图 4.3.7 所示。

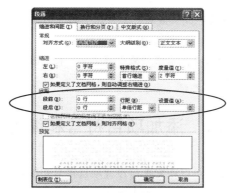

图 4.3.7　"缩进和间距"选项卡

（3）在"行距"下拉列表中选择合适的行距，选择"最小值""固定值"或"多倍行距"时，需在"设置值"微调框中输入一个值作为行间距。

（4）设置完成后，单击 确定 按钮，如图 4.3.8 所示为段落格式设置效果。

注意："行距"下拉列表中的"单倍行距""1.5 倍行距"和"2 倍行距"均指的是针对该行中最大的字高。如果在"行距"下拉列表中设定的是"多倍行距"，在"设置值"微调框中定的值为行间距，但此时的单位为"行"，而不是"磅"。

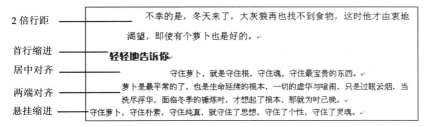

图 4.3.8　段落格式设置效果

2．设置段间距

段间距可直接用按"Enter"键的方法来设置，此时，段间距与选定段中的字号有关，段间距是选定段中最大字号的整数倍。也可用设置行间距的方法来设置段间距，选定段落后在"段前""段后"微调框中分别输入距前一段和距后一段的距离值，使用 段落 对话框设置的段间距与字号无关。如图4.3.9 所示为段前 1 行，段后 0.5 行的效果。

结果不言自明，儿子惨死于乱军之中。拂开蒙蒙的硝烟，父亲拣起那柄断箭，沉重地哼一口道："不相信自己的意志，永远也做不成将军。"

把胜败寄托在一只宝箭上，多么愚蠢，而当一个人把生命的核心与把柄交给别人，又多么危险！比如把希望寄托在儿女身上；把幸福寄托在丈夫身上；把生活保障寄托在单位身上……

温馨提示：自己才是一只箭，若要它坚韧，若要它锋利，若要它百

图 4.3.9　设置段间距的效果

提示：用户也可通过单击"格式"工具栏中的"两端对齐"按钮 ，"居中"按钮 、"右对齐"按钮 、"分散对齐"按钮 设置段落的对齐方式；单击"行间距"按钮 ，在弹出的下拉列表中选择段落的行间距大小；单击"减少缩进量"按钮 或"增加缩进量"按钮 ，可设置段落的缩进量大小。

4.4　添加项目符号和编号

为使文档更加清晰易懂，用户可以在文本前设置项目符号和编号。Word 2003 为用户提供了自动添加项目符号和编号的功能。在添加项目符号或编号时，可以先输入文字内容，再给文字添加项目符号或编号；也可以先创建项目符号或编号，再输入文字内容，自动实现项目的编号，不必手工编号。

4.4.1　创建项目符号列表

项目符号就是放在文本或列表前用以添加强调效果的符号。在文本中添加项目符号，可以通过单击"格式"工具栏中的"项目符号"按钮 ，或者通过菜单命令来执行操作。

1．通过"格式"工具栏

通过"格式"工具栏中的按钮添加项目符号的具体操作步骤如下：
（1）选定文本中要添加项目符号的段落。
（2）单击"格式"工具栏中的"项目符号"按钮 即可。

如果要删除添加的项目符号，将光标定位在要删除项目符号的段落中，然后单击"格式"工具栏中的"项目符号"按钮 ；或者将光标置于项目符号的后面，按"Backspace"键即可。

2．通过菜单命令

通过菜单命令，还可以设置其他形式的项目符号，具体操作步骤如下：

（1）选择 格式(O) → 项目符号和编号(N)... 命令，弹出 项目符号和编号 对话框，在其中打开
项目符号(B) 选项卡，在该选项卡中选择一种项目符号，如图 4.4.1 所示。

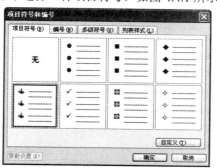

图 4.4.1　"项目符号"选项卡

（2）单击 确定 按钮即可，如图 4.4.2 所示。

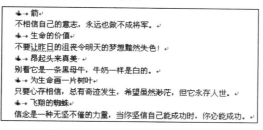

图 4.4.2　给文本添加项目符号的效果

如果 项目符号(B) 选项卡中没有所需的项目符号，用户可以自定义一个项目符号。具体操作步骤
如下：

（1）选中要自定义项目符号的段落。

（2）在打开的 项目符号(B) 选项卡中单击 自定义(T)... 按钮，弹出如图 4.4.3 所示的
自定义项目符号列表 对话框。

（3）在"项目符号字符"选区中有 字体(F)... 、 字符(C)... 和 图片(P)... 3 个按钮，用户根据
需要单击相应的按钮，弹出相应的对话框，在对话框中可选择字体、字符或图片作为项目符号。如单
击 图片(P)... 按钮，弹出如图 4.4.4 所示的 图片项目符号 对话框。

图 4.4.3　"自定义项目符号列表"对话框

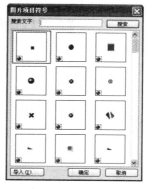

图 4.4.4　"图片项目符号"对话框

（4）在该对话框中选择一种图片，或是在"搜索文字"文本框中输入要搜索的关键字，然后单

击 搜索 按钮。

（5）单击 确定 按钮，返回到 自定义项目符号列表 对话框。

（6）单击 确定 按钮，即可将自定义的项目符号插入到选中的段落中，效果如图 4.4.5 所示。

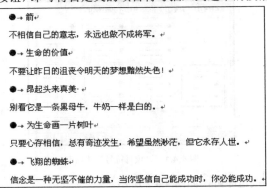

● → 箭

不相信自己的意志，永远也做不成将军。

● → 生命的价值

不要让昨日的沮丧令明天的梦想黯然失色！

● → 昂起头来真美

别看它是一条黑母牛，牛奶一样是白的。

● → 为生命画一片树叶

只要心存相信，总有奇迹发生，希望虽然渺茫，但它永存人世。

● → 飞翔的蜘蛛

信念是一种无坚不催的力量，当你坚信自己能成功时，你必能成功。

图 4.4.5　自定义项目符号效果

4.4.2　添加编号

在段落中添加编号的方法与添加项目符号的方法类似，也有两种方法：一是通过"格式"工具栏中的按钮；二是通过菜单命令。

1．通过"格式"工具栏

通过"格式"工具栏中的按钮给文本添加编号，具体操作步骤如下：

（1）选中文本中要添加编号的段落。

（2）单击"格式"工具栏中的"编号"按钮 即可。

2．使用菜单命令

通过菜单命令可以设置多种样式的编号，具体操作步骤如下：

（1）选中文本中要设置编号的段落。

（2）选择 格式(O) → 项目符号和编号(N)... 命令，弹出 项目符号和编号 对话框，在该对话框中打开 编号(N) 选项卡，如图 4.4.6 所示。

图 4.4.6　"编号"选项卡

（3）在该选项卡中选择所需编号，单击 确定 按钮即可，效果如图 4.4.7 所示。

A. 交往的对象是人，在人的面前有时需要等等其谈，有时需要保持沉默。不好附和，不好辨别，不好议论时，沉默会让你度过窘境。

B. 孔子说："成事不说，遂事不谏，既往不咎。"又说："非礼勿听，非礼勿视，非礼勿言。"这三个"不"字和三个"勿"字，真是道出了做人处世的大学问。

C. 年轻人，常常会毫无城府地讲一些无济于事的话，常以自己的想法去揣摩别人的心思，以自己的经验来解释别人遭遇的生活难题。对过去的事耿耿于怀，蓬于酒脱，而且对本该避免去听的可能引起纠纷的话，因好奇和神秘而偏偏去听，又不知保持缄默，结果引来了不必要的麻烦。

D. 其实，在现实中，每个人都不是完美的，都有一些秘密不愿被人知晓。秘密被人发现已是不快，若秘密是一个见不得人的阴谋而泄露于人，那后果当然相当严重。尽管秘密的主人可能会突然对你表现出高度的热情，但在他心中，必定产生了相当的警觉与敌意。若有机会，他是非致你于死地而后快不可的。

图 4.4.7　给文本添加编号效果

4.4.3　自动添加项目符号和编号

在 Word 2003 中，输入文本的同时还可以自动添加项目符号或编号，具体操作步骤如下：

（1）在文档中输入"*"，开始一个项目列表；或输入"1"，开始一个编号列表，然后按"空格"键或"Tab"键，并在其后输入文本。

（2）按回车键，Word 自动插入下一个项目符号或编号，在下一个段落的前面出现"*"或"2"，同时弹出一个"自动更正智能标记"按钮 。单击其右侧的下三角按钮 ，弹出如图 4.4.8 所示的下拉菜单。

（3）如果要取消自动创建的符号或编号列表，选择"自动更正智能标记"下拉菜单中的 撤消自动编号(U) 命令或者按两次回车键或按"Backspace"键删除列表中的最后一个项目符号或编号，结束该列表。

如果要设置自动添加项目符号和编号列表，其具体操作步骤如下：

（1）选择 工具(T) → 自动更正选项(A)... 命令，弹出 自动更正 对话框，打开 键入时自动套用格式 选项卡，如图 4.4.9 所示。

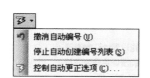

图 4.4.8　"自动更正智能标记"下拉菜单　　　　图 4.4.9　"键入时自动套用格式"选项卡

（2）在该选项卡的"键入时自动应用"选区中选中 ☑ 自动项目符号列表 和 ☑ 自动编号列表 复选框。

（3）单击 确定 按钮即可。

4.4.4　创建多级项目符号

通过更改列表中项目的层次级别，可以将原有的列表转换为多级符号列表。其方法是：单击列表中除了第一个编码以外的其他编码，然后按"Tab"键或"Shift+Tab"快捷键，或单击"格式"工具

栏中的 "增加缩进量" 按钮 或 "减少缩进量" 按钮即可。

4.5 设置制表位

制表位就是水平标尺上用于指定文字缩进的距离或一栏文字开始之处的位置。使用制表位的好处是：文档中设置了制表位后，用户能够向左、向右或居中对齐文本行；或者将文本与小数字符或竖线字符对齐，也可在制表符前自动插入特定字符，如句号等。移动或改变制表位，与其相关的选定文本也会跟随制表位重新对齐，同时对预先设定好的一些制表位，每次按 "Tab" 键，插入点便直接跳转到下一制表位的位置，此操作可省去许多移动操作。用户可以自己指定制表位，也可使用系统默认的制表位模式。

4.5.1 用 "制表符" 按钮设置制表位

"制表符" 按钮位于水平标尺的最左端。选择制表符可单击 "制表符" 按钮（默认为左对齐方式），每单击一次就变成另一个按钮，所有制表符按钮及含义如表 4.1 所示。

表 4.1 制表符按钮及其对齐方式

制表符按钮	制表符对齐方式
┗	左对齐方式
┻	居中对齐方式
┛	右对齐方式
┻	小数点对齐方式
┃	竖线对齐方式

设置制表位的方法如下：

（1）将插入点移到要设置制表位的段落中，也可同时选定多个段落。

（2）单击 "制表符" 按钮，选取所需的对齐方式。

（3）在水平标尺上的目标位置单击鼠标，在标尺上即可留下一个制表符。

（4）输入文本时，按一次 "Tab" 键，光标就移动到相邻的制表位处，输入的文本将按指定的制表位方式对齐。如果对已输入的文本，将光标移动到需要对齐文本的开始处，然后按 "Tab" 键即可，如图 4.5.1 所示。

> 2. 在制表位对话框中（ ）。
>   A. 只能清除特殊制表符   B. 只能设置特殊制表符
>   C. 既可设置又可清除特殊制表符   D. 不能清除特殊制表符
> 3. 对某段落设置首字下沉之前，（ ），再打开 "首字下沉" 对话框。
>   A. 应将插入点置于该段落   B. 只能将插入点置于该段落首行
>   C. 不能将插入点置于该段落的末行   D. 插入点可在任意位置
> 4. Word 中，样式是（ ）
>   A. 一个标准格式的文档   B. 一组已命名的字符和段落格式
>   C. 一个文字对象   D. 一组文字对象的格式集合

图 4.5.1 使用制表位对齐的文本

技巧：在标尺内拖动制表位可移动制表位位置；要删除制表位，只要将制表位拖出标尺即可。使用鼠标不能设置精确的制表位位置，当拖动制表位时，按住 "Alt" 键，则在标尺上会显示出制表位的精确位置，这时可精确地确定制表位的位置。

4.5.2　使用对话框设置制表位

也可使用对话框精确设置制表位。用对话框设置制表位的具体操作步骤如下：

（1）选定要设置制表位的段落，或将插入点置于要设置制表位的段落中。

（2）选择 格式(O) → 制表位(T)... 命令，弹出如图 4.5.2 所示的 制表位 对话框。

图 4.5.2　"制表位"对话框

（3）在"制表位位置"文本框中输入要设置制表位的位置。

（4）在"对齐方式"区域中选定制表位的对齐方式。

（5）在"前导符"区域中选择一种前导符类型。前导符是用于设置文本到下一制表位之间的填充符号。

（6）单击 设置(S) 按钮，可设置一个制表符。

（7）重复步骤（3）～（6），可设置多个制表符。

（8）单击 确定 按钮，完成制表位的设置。

提示：要清除某个制表位，在"制表位位置"列表框中选定该制表位，单击 清除(E) 按钮，即可删除该制表位；单击 全部清除(A) 按钮，清除"制表位位置"列表框中所有的制表位。

4.6　设置特殊格式

在报刊、杂志或书籍中，它的一个版面不只显示一篇文章，为了版式的需要常常设置一些带有特殊效果的文档，使用特殊排版方式。Word 2007 提供了多种特殊的排版方式，如分栏排版、首字下沉、中文版式和改变文字方向等。

4.6.1　首字下沉

在报纸和杂志上经常会看到，在一篇文章第一段的开始第一个字特别粗大，并占据了 2 到 3 行的空间，非常醒目，这就是首字下沉。Word 提供了设置首字下沉的功能，其具体操作步骤如下：

（1）选中要设置首字下沉的段落。

（2）选择 格式(O) → 首字下沉(D)... 命令，弹出如图 4.6.1 所示的 首字下沉 对话框。

图 4.6.1 "首字下沉"对话框

（3）在"位置"选项区域中选择所需的下沉格式类型，如"无""下沉"或"悬挂"。

（4）单击"字体"下拉列表框右边的下拉按钮 ∨，从中选择设置下沉文字的字体。

（5）在"下沉行数"微调框中指定首字的放大值，单位为"行"，即该字高度所占的行。

（6）在"距正文"框中指定首字与段落中其他文字之间的距离，单位为"厘米"。

（7）设置完后，单击 确定 按钮，如图 4.6.2 所示。

相信自己的意志，永远也做不成将军。

不 春秋战国时代，一位父亲和他的儿子出征打战。父亲已做了将军，儿子还只是马前卒。又一阵号角吹响，战鼓雷鸣了，父亲庄严地托起一个箭囊，其中插着一只箭。父亲郑重对儿子说："这是家袭宝箭，配带身边，力量无穷，但千万不可抽出来。"那是一个极其精

图 4.6.2 首字下沉效果

4.6.2 分栏排版

分栏排版就是将一段文本分成并排的几栏在一页中显示，更加便于阅读，版式也比较美观，常用于编排报纸和杂志的文档中。设置分栏的具体操作步骤如下：

（1）选中整个文档。

（2）选择 格式(O) → 分栏(C)... 命令，弹出 分栏 对话框，如图 4.6.3 所示。

（3）在该对话框的"预设"选区中选择一种预设样式，或者在"栏数"微调框中输入需要分隔的栏数；在"应用于"下拉列表中选择"整篇文档"选项。

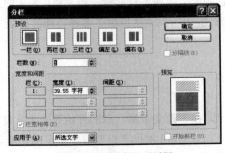

图 4.6.3 "分栏"对话框

（4）设置完成后，单击 确定 按钮，如图 4.6.4 所示。

图 4.6.4 设置分栏效果

4.6.3 改变文字方向

在文档的排版过程中，用户还可以改变文档中文字的方向，使文字由横排变为竖排，具体操作步骤如下：

（1）选定需要改变方向的文本。

（2）选择 格式(O) → 文字方向(X)... 命令，弹出 文字方向 − 主文档 对话框，如图 4.6.5 所示。

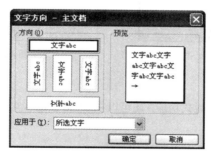

图 4.6.5 "文字方向−主文档"对话框

（3）在该对话框中的"方向"选区中选择需要改变的文字方向；在"预览"区中可预览设置的文字效果。

（4）单击 确定 按钮完成设置，效果如图 4.6.6 所示。

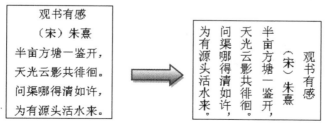

图 4.6.6 改变文字方向效果

4.6.4 中文版式

Word 的中文版式包括拼音指南、带圈字符、纵横混排、合并字符、双行合一等命令。下面详细介绍这些命令的应用。

1. 拼音指南

利用 Word 2003 提供的拼音指南功能，可以自动给文本中的每个汉字标注拼音。其具体操作步骤如下：

（1）选中文本中要添加拼音的文本。

（2）选择 格式(O) → 中文版式(L) ▶ → 拼音指南(U)... 命令，弹出如图 4.6.7 所示的 拼音指南 对话框。

（3）在"对齐方式"下拉列表中选择拼音与文字的对齐方式，这里选择默认形式；在"偏移量"微调框中设置所标注的拼音与文本内容的距离；在"字体"下拉列表中选择标注拼音的字体；在"字号"下拉列表中选择标注拼音的字号。

（4）设置完成后，单击 确定 按钮，效果如图 4.6.8 所示。

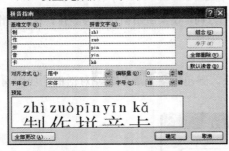

图 4.6.7 "拼音指南"对话框　　　　　　　图 4.6.8 标注拼音效果

2. 带圈字符

利用 Word 2003 提供的中文版式功能，还可以在 Word 2003 文档中插入带圈字符。其具体操作步骤如下：

（1）将光标置于文档中要插入带圈字符的位置。

（2）选择 格式(O) → 中文版式(L) ▶ → 带圈字符(E)... 命令，弹出如图 4.6.9 所示的 带圈字符 对话框。

（3）在"样式"选区中选择一种带圈字符样式，如"增大圈号"选项。

（4）在"圈号"选区中的"文字"文本框中输入字符编号，或在其列表框中选择一种字符编号。

（5）在"圈号"选区中的"圈号"列表框中选择一种圈号选项。

（6）单击 确定 按钮，即可在文档中插入带圈字符，如图 4.6.10 所示。

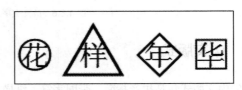

图 4.6.9 "带圈字符"对话框　　　　　　图 4.6.10 在文档中插入带圈字符

3．纵横混排

使用中文版式中的纵横混排功能，可以使选中的文本按纵向或横向排列。这里以选中横向文本为例，其具体操作步骤如下：

（1）在文档中输入古诗《下江陵》，选定要进行纵向排列的文字，如"千里江陵"。

（2）选择 格式(O) → 中文版式(L) ▶ → 纵横混排(T)... 命令，弹出如图 4.6.11 所示的 纵横混排 对话框。

（3）如果选中 ☑ 适应行宽(F) 复选框，则纵向排列的文字宽度将与行宽适应。这里不选中此复选框，则纵向排列的文字会按自身的大小排列。

（4）单击 确定 按钮，效果如图 4.6.12 所示。

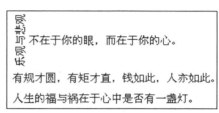

图 4.6.11　"纵横混排"对话框　　　　　　　　图 4.6.12　纵向排列效果

（5）如果要取消设置的纵横混排，选中要取消纵横混排的文字，然后单击 删除(R) 按钮即可。

4．双行合一

利用 Word 2003 提供的双行合一功能，可以实现将两行文本在水平上保持一致的效果。具体操作步骤如下：

（1）选中文本中要实现双行合一的文本，如"两岸猿声啼不住，轻舟已过万重山"。

（2）选择 格式(O) → 中文版式(L) ▶ → 双行合一(W)... 命令，弹出如图 4.6.13 所示的 双行合一 对话框。在"文字"文本框中显示了选中的文本。

（3）在"预览"框中预览其效果，单击 确定 按钮即可。

（4）如果合并后的字体太小，可以设置其字体的大小。最终效果如图 4.6.14 所示。

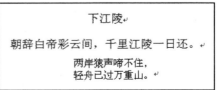

图 4.6.13　"双行合一"对话框　　　　　　　　图 4.6.14　双行合一效果

4.7 应用实例——编辑“桂林简介”文档（二）

本例编辑“桂林简介”文档，通过对文档中字符、段落格式的设置以及分栏等，使文档更加赏心悦目，如图 4.7.1 所示。

桂林简介

桂林是一座文化古城，两千多年的历史，使它具有丰厚的文化底蕴。秦始皇统一六国后，设置桂林郡，开凿灵渠，沟通湘江和漓江。桂林从此便成为南通海域，北达中原的重镇。宋代以后，它一直是广西政治、经济、文化的中心，号称“西南会府”，直到新中国建立。在漫长的岁月里，桂林的奇山秀水吸引着无数的文人墨客，使他们写下了许多脍炙人口的诗篇和文章，刻下了两千余件石刻和壁书，历史还在这里留下了许多古迹遗址。

桂林是世界著名的风景游览城市，有着举世无双的喀斯特地貌。这里的山，平地拔起，千姿百态；漓江的水，蜿蜒曲折，明洁如镜；山多有洞，洞幽景奇；洞中怪石，鬼斧神工，琳琅满目，于是形成了“山青、水秀、洞奇、石美”的桂林“四绝”，从而自古就有“桂林山水甲天下”的赞誉。

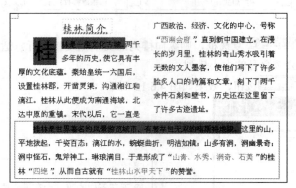

图 4.7.1　最终效果图

操作步骤

（1）打开“桂林简介”文档，选中第一行标题文本，选择 格式(O) → A 字体(F)... 命令，弹出 字体 对话框。打开 字体(N) 选项卡，设置其中字体为“楷体”、字号为“三号”、字形为“常规”，在“字体颜色”下拉列表中选择“深蓝”，在“下画线线型”下拉列表中选择一种波浪线，如图 4.7.2 所示。

（2）打开 字符间距(R) 选项卡，设置其字符间距为“加宽”“2 磅”；打开 文字效果(X) 选项卡，在“动态效果”列表中选择“七彩霓虹”，如图 4.7.3 所示。

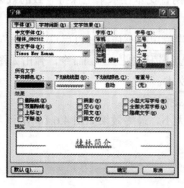

图 4.7.2　“字体”选项卡

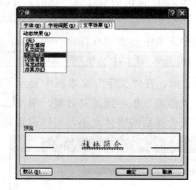

图 4.7.3　“文字”选项卡

（3）设置完成后，单击 确定 按钮，效果如图 4.7.4 所示。

桂林简介

桂林是一座文化古城。两千多年的历史，使它具有丰厚的文化底蕴。秦始皇统一六国后，设置桂林郡，开凿灵渠，沟通湘江和漓江。桂林从此便成为南通海域，北达中原的重镇。宋代以后，它一直是广西政治、经济、文化的中心，号称“西南会府”，直到新中国建立。在漫长的岁月里，桂林的奇山秀水吸引着无数的文人墨客，使他们写下了许多脍炙人口的诗篇和文章，刻下了两千余件石刻和壁书，

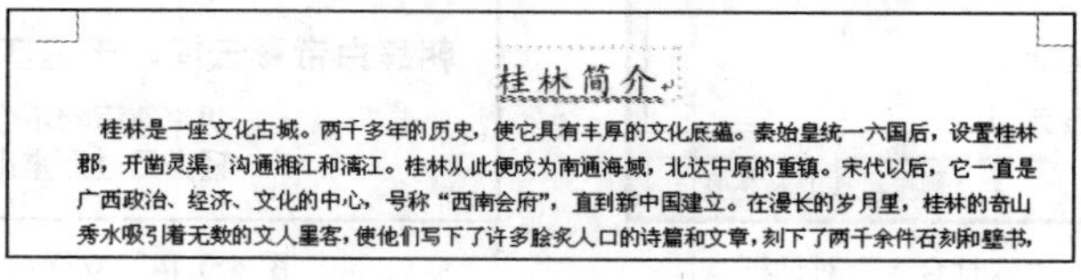

图 4.7.4　格式化标题效果

（4）选中第一、二段文本，在"格式"工具栏中设置其字体为"宋体"、字号为"小四"。

（5）选中第一、二段文本，选择 格式(O) → 段落(P)... 命令，弹出 段落 对话框。打开 缩进和间距(I) 选项卡，在"对齐方式"下拉列表中选择"两端对齐"；在"特殊格式"下拉列表中选择"首行缩进"为"2字符"；在"行距"下拉列表中选择"1.5倍行距"，如图4.7.5所示。

图 4.7.5　设置段落缩进和间距

（6）单击 确定 按钮，完成文档段落格式设置，效果如图4.7.6所示。

（7）按住"Ctrl"键，依次选择文档中加双引号的文本，如图4.7.7所示。

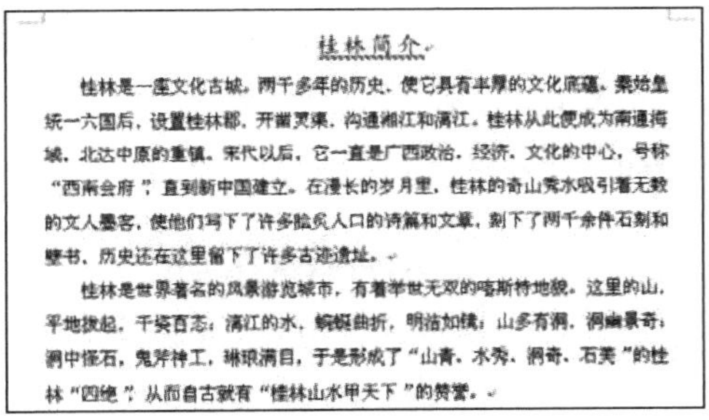

图 4.7.6　格式化段落效果　　　　　　　图 4.7.7　选择不连续文本效果

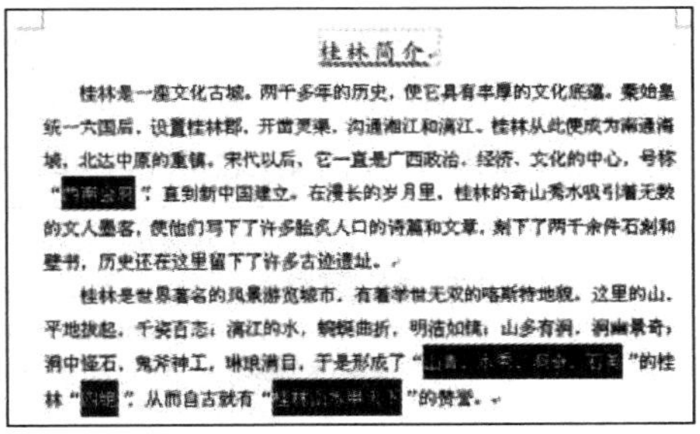

（8）单击"格式"工具栏中的"字体颜色"按钮 A，在弹出的"字体颜色"下拉列表中选择"粉红色"，效果如图4.7.8所示。

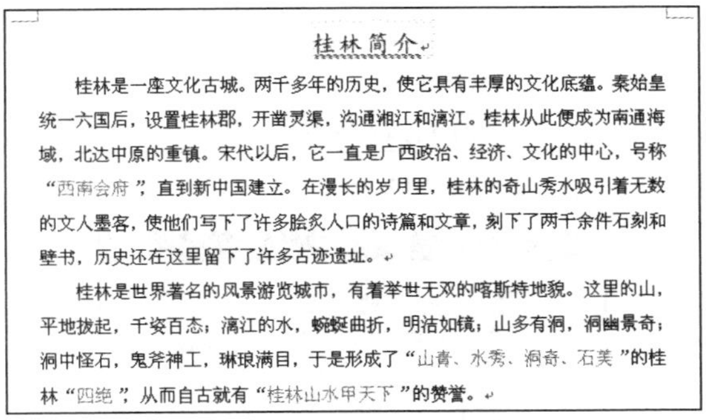

图 4.7.8　设置字符颜色效果

（9）选中第二段文本，选择 格式(O) → 边框和底纹(B)... 命令，弹出 边框和底纹 对话框。打开 边框(B) 选项卡，在"设置"选区中单击"方框"按钮，在"颜色"下拉列表中选择"绿色"，如图4.7.9所示。

图 4.7.9　设置边框

（10）单击 确定 按钮，设置的段落边框效果如图 4.7.10 所示。

> 　　桂林是世界著名的风景游览城市，有着举世无双的喀斯特地貌。这里的山，平地拔起，千姿百态；漓江的水，蜿蜒曲折，明洁如镜；山多有洞，洞幽景奇；洞中怪石，鬼斧神工，琳琅满目，于是形成了"山青、水秀、洞奇、石美"的桂林"四绝"；从而自古就有"桂林山水甲天下"的赞誉。

图 4.7.10　给段落添加边框效果

（11）按住"Ctrl"键，分别选中第一段和第二段中的第一句文本，单击"格式"工具栏中的"突出显示"按钮 ，在弹出的下拉列表中选择"深黄"，效果如图 4.7.11 所示。

（12）将光标置于第一段开头，选择 格式(O) → 首字下沉(D)... 命令，弹出 首字下沉 对话框。在"位置"栏中单击"下沉"按钮，在"字体"下拉列表中选择"黑体"，设置下沉行数为"2"，距正文为"0.3 厘米"，如图 4.7.12 所示。单击 确定 按钮完成首字下沉。

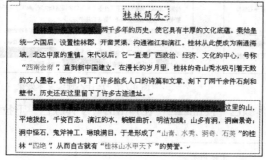

图 4.7.11　添加底纹效果　　　　　　　　　图 4.7.12　设置首字下沉

（13）选中第一段文本，选择 格式(O) → 分栏(C)... 命令，弹出 分栏 对话框，在"预设"选区中选择"两栏"样式，如图 4.7.13 所示。

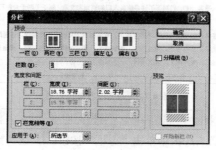

图 4.7.13　设置分栏

（14）单击 [　确定　] 按钮，最终效果如图 4.7.1 所示。

本 章 小 结

　　本章主要介绍了字符格式设置、美化文本、设置制表位、设置段落格式等内容。通过本章的学习，用户可以熟练掌握编辑文档的技巧与方法，从而设计制作出一份清晰、美观的文档。

实 训 练 习

一、填空题

1．改变字号是在 [字体] 对话框中的＿＿＿＿＿选项卡中改变。

2．段落是指两个段落标记之间的文本，＿＿＿＿＿是段落的结束标记。

3．对字体进行格式化时，按快捷键＿＿＿＿＿，可弹出 [字体] 对话框。

4．在拖动标尺上的滑块调整页边距时，要实现精确移动需按住＿＿＿＿＿键。

5．Word 中的段落缩进包括＿＿＿＿＿、＿＿＿＿＿、＿＿＿＿＿和＿＿＿＿＿，默认的对齐方式是＿＿＿＿＿。

二、选择题

1．在 Word 编辑状态中，对已经输入的文档设置首字下沉，需要使用的菜单是（　　）。

　　A．编辑　　　　　　　　　　B．视图

　　C．格式　　　　　　　　　　D．工具

2．在制表位对话框中（　　）。

　　A．只能清除特殊制表符　　　B．只能设置特殊制表符

　　C．既可设置又可清除特殊制表符　　D．不能清除特殊制表符

3．对某段落设置首字下沉之前，（　　），再打开"首字下沉"对话框。

　　A．应将插入点置于该段落　　　B．只能将插入点置于该段落首行

　　C．不能将插入点置于该段落的末行　　D．插入点可在任意位置

4．不能加底纹的对象是（　　）。

　　A．正文　　　　　　　　　　B．标题

　　C．图片　　　　　　　　　　D．线条

5．在 Word 中，不缩进段落的第一行，而缩进其余的行，是指（　　）。

　　A．首行缩进　　　　　　　　B．左缩进

　　C．悬挂缩进　　　　　　　　D．右缩进

6．在 Word 编辑状态下，若要调整光标所在段落的行距，首先进行的操作是（　　）。

　　A．打开"编辑"下拉菜单　　　B．打开"视图"下拉菜单

　　C．打开"格式"下拉菜单　　　D．打开"工具"下拉菜单

7．下面关于 Word 文档"分栏"的说法中，不正确的是（　　）。

　　A．可以对某段文字进行分栏

　　B．选择"格式"→"分栏"菜单命令，可以实现分栏操作

  C. 在"分栏"对话框中，可以设置各栏的"宽度""间距"

  D. 只能对整篇文档进行分栏

8．在 Word 2003 中，文档中各段落前如果要有编号，可以利用命令来设置，该命令所在的菜单是（   ）。

  A. 编辑   B. 插入

  C. 格式   D. 工具

9．下列关于 Word 2003 文档创建项目符号的叙述中，正确的是（   ）。

  A. 以段落为单位创建项目符号

  B. 以选中的文本为单位创建项目符号

  C. 以节为单位创建项目符号

  D. 可以任意创建项目符号

三、简答题

1．请说明 Word 标尺上"首行缩进""左缩进"和"悬挂缩进"三个标记的含义。

2．Word 2003 中有几种制表位对齐方式？

3．什么是"对齐方式"？ Word 2003 中主要有哪些对齐方式？

4．怎样给段落添加边框和底纹？如何给页面添加边框效果？

5．怎样设置文档首字下沉效果？

6．简述创建项目符号列表、编号列表和多级符号列表的具体方法。

四、上机操作题

1．输入下列文字，将标题"只要你一离开……"设置字号为"四号"、粗体和加下画线，诗歌正文字号设置为"小五"，字体为"华文楷体"。

  只要你一离开……

  只要你一离开——

  我立刻就觉得烦闷惆怅；

  我的心像戒指

  丢失了镶嵌的宝石一样！

  只要你一离开——

  简单的事情也变得棘手；

  我的两只眼睛

  像空巢，鸟儿已经飞走。

2．输入一篇文章，设置其标题字体为"华文新魏"，字号为"一号"；设置其正文字体为"宋体"，字号为"五号"；在第一段中设置首字下沉效果，并添加边框，设置边框颜色；在第二段中添加底纹效果；选中第三段文本，设置其中行距为"2 倍行距"。

第 5 章　表格的制作

Word 2003 中的一个重要组成部分就是表格，它可以直观地反映某些数据信息。例如在介绍某些情况时，如果只是纯文字的介绍，会显得杂乱无章，但是把相应的文字转换为表格，这样就会显得更加清晰。

知识要点

⊕ 创建表格
⊕ 编辑表格
⊕ 表格属性设定
⊕ 数据处理

5.1　创　建　表　格

创建表格有 3 种方式，分别为创建空白表格、手工绘制表格和将文本转换为表格。

5.1.1　创建空白表格

创建空白表格有两种方法，使用"插入表格"按钮▦和**插入表格**对话框。

1．使用"插入表格"按钮

如果要使用"插入表格"按钮▦，可以按照以下操作步骤进行。

（1）首先新建一个 Word 文档，将插入点定位在要插入表格的位置。

（2）单击"常用"工具栏中的"插入表格"按钮▦，即可弹出如图 5.1.1 所示的示意网格。

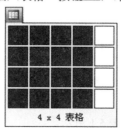

4 x 4 表格

图 5.1.1　"插入表格"示意网格

（3）然后向右下方拖动鼠标，在示意网格的下方就会显示它的行数和列数。

（4）单击鼠标左键，插入表格后的效果如图 5.1.2 所示。

2．使用"插入表格"对话框

使用**插入表格**对话框不但可以准确地确定表格的行数和列数，还可以自动调整它的列宽，其具体操作步骤如下：

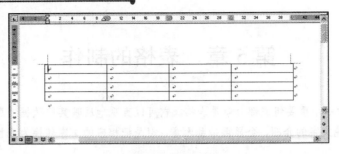

图 5.1.2　插入表格效果

（1）将插入点定位在要插入表格的位置。

（2）选择 表格(A) → 插入(I) ▶ 命令，弹出 插入表格 对话框，如图 5.1.3 所示。

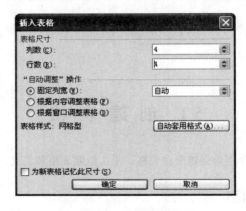

图 5.1.3　"插入表格"对话框

（3）在"表格尺寸"选项区域中的"列数"和"行数"微调框中输入表格的列数和行数。

（4）在"'自动调整'操作"选项区域中选中相应的单选按钮，设置表格的列宽。单击 自动套用格式(A)... 按钮，弹出 表格自动套用格式 对话框，选择一种表格类型。

（5）设置完成后，单击 确定 按钮。

5.1.2　手工绘制表格

用户可以利用"表格和边框"工具栏中的"铅笔"工具 ℓ 绘制出自己所需的各种表格，其具体操作步骤如下：

（1）将插入点定位在要绘制表格的位置。

（2）选择 表格(A) → 绘制表格(W) 命令，打开"表格和边框"工具栏，如图 5.1.4 所示。该工具栏中各主要工具的功能如表 5.1 所示。

图 5.1.4　"表格和边框"工具栏

表 5.1　"绘图"工具栏中的按钮及其功能

按　钮	功　　能	按　钮	功　　能
	绘制表格		拆分单元格
	擦除表格线		靠上两端对齐
	线型选择		平均分布各行
½ 磅—	线条粗细		平均分布各列
	边框颜色		表格自动套用格式样式
	外侧框线		显示虚框
	底纹颜色		升序排列选定的数据
	插入表格		降序排列选定的数据
	合并单元格	Σ	自动求和

（3）用户在该工具栏中单击"绘制表格"按钮，当鼠标指针变为 ∅ 形状时，按住鼠标左键并拖动至适当大小后释放鼠标，即可绘制一个表格的边框，用户可根据需要绘制表格的行或列，如图 5.1.5 所示。

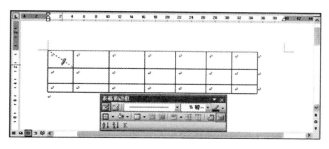

图 5.1.5　手工绘制表格

提示：单击"表格和边框"工具栏中的"擦除"按钮，可以将指定的单元格删除。

5.1.3　绘制斜线表头

有的表格需要多个标题，这时就需要绘制斜线表头，绘制斜线表头的具体操作步骤如下：

（1）首先将光标移到需要绘制斜线表头的单元格中。

（2）然后选择 表格(A) → 绘制斜线表头(U)... 命令，弹出如图 5.1.6 所示的 插入斜线表头 对话框。

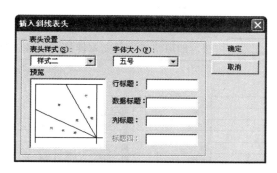

图 5.1.6　"插入斜线表头"对话框

（3）在"表头设置"选项组中的"表头样式"下拉列表中选择一种表头样式；在"字体大小"

下拉列表中选择合适的字号。分别在"行标题""数据标题"和"列标题"文本框中输入需要的文本。

（4）设置完成后，在"预览"框中可以看到其效果图，单击 确定 按钮即可插入斜线表头。

5.1.4 将文本转换为表格

在 Word 2003 中还可以将文本转换成表格，这也是创建表格的一种方法，其具体操作步骤如下：

（1）首先选中要转换的文本内容，如图 5.1.7 所示。

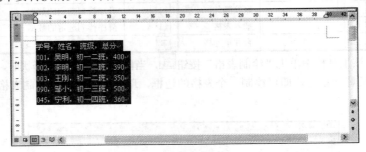

图 5.1.7 选中要转换的文本

提示：本例将文本转换成表格的分隔符为","。

（2）选择 表格(A) → 转换(V) ▶ → 文本转换成表格(X)... 命令，弹出 将文字转换成表格 对话框，如图 5.1.8 所示。

（3）在"表格尺寸"选项区域中的"列数"微调框中输入"4"，在"文字分隔位置"选项区域中选中 ⊙ 其他字符(0)：单选按钮，在后面的文本框中输入","。

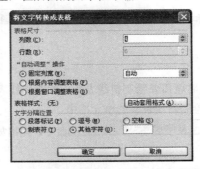

图 5.1.8 "将文字转换成表格"对话框

（4）单击 确定 按钮，即可将选中的文本转换成表格，效果如图 5.1.9 所示。

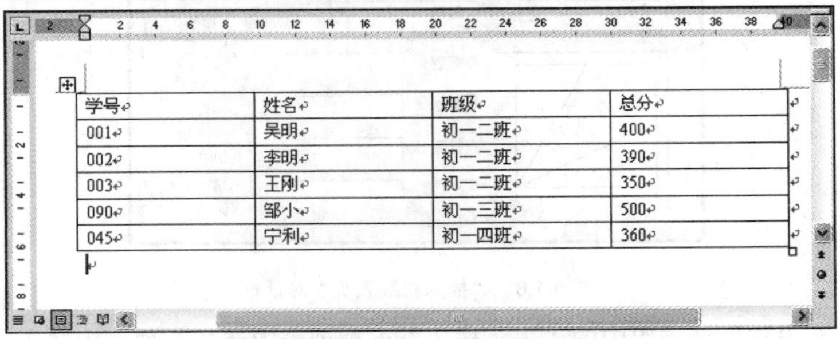

学号	姓名	班级	总分
001	吴明	初一二班	400
002	李明	初一二班	390
003	王刚	初一二班	350
090	邹小	初一三班	500
045	宁利	初一四班	360

图 5.1.9 文本转换成表格效果

5.2　编　辑　表　格

在表格制作完成后，还需要对其进行编辑，包括信息的输入、选定表格、行列的增删、插入或删除单元格、合并和拆分单元格、表格的移动和缩放、拆分表格等。

5.2.1　信息的输入与编辑

在表格中输入与编辑信息，其目的是对表格的内容进行填充。

1．信息的输入

在表格中输入文字、插入图片等内容的具体操作步骤如下：

（1）把光标定位在要输入内容的单元格内。

（2）直接输入所需的内容即可。

 提示：把光标定位在单元格内，既可以用鼠标定位，也可以用键盘定位。使用鼠标定位只需在单元格内单击，而使用键盘就可以利用方向键来控制。

注意：要在表格中插入制表符，只需按 "Ctrl+Tab" 快捷键。

2．信息的编辑

在表格中编辑文字和在普通的文档中编辑文字大致相同，选择 格式(O) → A 字体(F)... 命令，弹出 字体 对话框，如图 5.2.1 所示，在 字体(N) 、 字符间距(R) 和 文字效果(X) 3 个选项卡中进行文字格式的编辑，如图 5.2.2 所示为在表格中编辑文字后的效果。

图 5.2.1　"字体"对话框

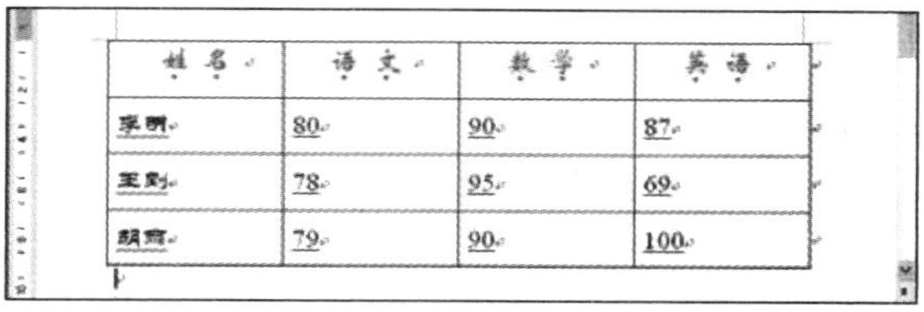

姓 名	语 文	数 学	英 语
李明	80	90	87
王刚	78	95	69
颜丽	79	90	100

图 5.2.2　编辑文字格式效果

5.2.2 选定表格

在对表格进行编辑之前，首先必须先选定表格，选定表格包括选定整个表格、选定行、选定列和选定表格中的某个单元格。

1．选定行

选定表格中的行，可以按照以下操作步骤进行：

（1）将光标定位在需要编辑的表格中的行上。

（2）选择 表格(A) → 选择(C) ▶ → 行(R) 命令，即可选定所需的行，如图 5.2.3 所示。或者把鼠标定位在要选定的行的表格的左侧，当鼠标变成 形状时，单击并拖动鼠标即可选定多行。

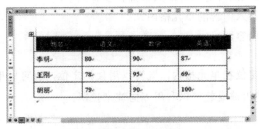

图 5.2.3 选定表格中的行

2．选定列

选定表格中的列，可以按照以下操作步骤进行：

（1）把鼠标定位在需要编辑的表格中的列上。

（2）选择 表格(A) → 选择(C) ▶ → 列(C) 命令，即可选定指定的列，如图 5.2.4 所示。或者把鼠标定位在要选定的列上，当鼠标变成 形状时，单击并拖动鼠标即可选定多列。

图 5.2.4 选定表格中的列

提示：在选定行和列时，按"Shift"键可以选定连续的行和列，按"Ctrl"键可以选定不连续的行和列。

3．选定单元格

选定表格中的单元格，可以按照以下操作步骤进行：

（1）把光标定位在要选定的单元格中。

（2）选择 表格(A) → 选择(C) ▶ → 单元格(E) 命令。或者把鼠标定位在表格中的某个单元格中，当鼠标变成 形状时单击鼠标，即可选定一个单元格。拖动鼠标可以选定多个单元格，如图 5.2.5 所示。

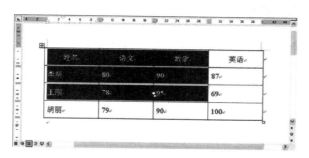

图 5.2.5　选定多个单元格

提示：如果要选定整个表格，除了可以利用菜单命令外，还可以单击表格左上角的 ⊞
图标。

5.2.3　行、列的增删

行、列的增删是对表格中的行或列执行增加和删除操作。

1．行、列的增加

在表格中增加行和列的具体操作步骤如下：

（1）首先选中行或列。

（2）如果要增加行，可以选择 表格(A) → 插入(I) ▶ → 行(在上方)(A) 或
行(在下方)(B) 命令；如果要增加列，可以选择 表格(A) → 插入(I) ▶ →
列(在左侧)(L) 或 列(在右侧)(R) 命令，其效果如图 5.2.6 所示。

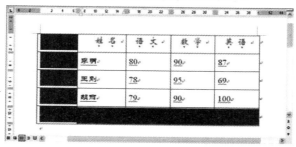

图 5.2.6　增加新行和新列

提示：如果要在表格中的最后一行后增加一行，可以把鼠标定位在最后一个单元格中，
按 "Tab" 键即可增加一行。

2．行、列的删除

要删除表格中的行或列，其具体操作步骤如下：

（1）首先选定要删除的行或列。

（2）选择 表格(A) → 删除(D) ▶ → 列(C) 或 行(R) 命令，即
可删除表格中的行或列。

5.2.4 插入或删除单元格

插入或删除单元格是对表格中的单元格执行插入或删除操作。

1．插入单元格

在表格中还可以插入单元格，其具体操作步骤如下：

（1）首先选定单元格区域。

（2）选择 表格(A) → 插入(I) ▶ → 单元格(E)... 命令，弹出 插入单元格 对话框，如图5.2.7所示。

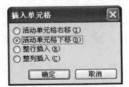

图 5.2.7 "插入单元格"对话框

（3）在该对话框中有4个单选按钮可供选择。

1）选中 活动单元格右移(I) 单选按钮，在所选单元格的右侧插入一个新的单元格。

2）选中 活动单元格下移(D) 单选按钮，在所选单元格的上边插入新的单元格。

3）选中 整行插入(R) 单选按钮，在所选单元格的上边插入一行单元格。

4）选中 整列插入(C) 单选按钮，则在所选单元格的左侧插入一列单元格。

（4）用户根据自己的需要选择选项，单击 确定 按钮即可插入新的单元格，效果如图5.2.8所示。

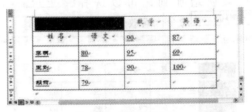

图 5.2.8 插入新单元格

2．删除单元格

如果要删除单元格，其具体操作步骤如下：

（1）选定要删除的单元格。

（2）选择 表格(A) → 删除(D) ▶ → 单元格(E)... 命令，弹出 删除单元格 对话框，如图5.2.9所示。

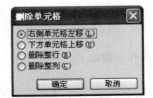

图 5.2.9 "删除单元格"对话框

（3）选中 ⊙右侧单元格左移(L) 单选按钮。

（4）单击 确定 按钮，效果如图 5.2.10 所示。

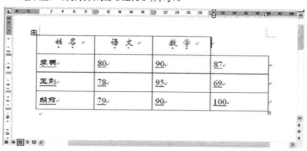

图 5.2.10　删除单元格效果

5.2.5　合并和拆分单元格

合并和拆分单元格是对表格中的各个单元格进行合并和拆分。

1．合并单元格

合并单元格的具体操作步骤如下：

（1）选定要合并的单元格区域。

（2）选择 表格(A) → 合并单元格(M) 命令，或者单击"表格和边框"工具栏中的"合并单元格"按钮，即可合并选定的单元格，效果如图 5.2.11 所示。

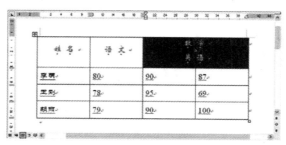

图 5.2.11　合并单元格效果

2．拆分单元格

如果要对表格中的单元格进行拆分，可以按照以下操作步骤进行：

（1）首先选定要拆分的单元格。

（2）选择 表格(A) → 拆分单元格(P)... 命令，弹出 拆分单元格 对话框，如图 5.2.12 所示。

图 5.2.12　"拆分单元格"对话框

（3）在"列数"和"行数"微调框中输入所需的列数和行数。

（4）单击 确定 按钮，如图 5.2.13 所示。

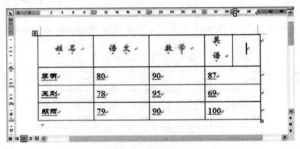

图 5.2.13 拆分单元格

提示：单击"表格和边框"工具栏中的"拆分单元格"按钮 ，也可以将指定的单元格拆分。

5.2.6 表格的移动和缩放

在 Word 2003 中，用户可以直接使用鼠标来移动和缩放表格。

1．表格的移动

在 Word 2003 中，还可以移动表格，其具体操作方法是：将鼠标移动到表格左上角的 图标上，当鼠标变成 形状时，拖动鼠标即可将表格移动到另一个位置，如图 5.2.14 所示，完成后释放鼠标即可。

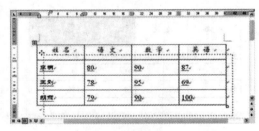

图 5.2.14 移动表格

2．表格的缩放

在 Word 2003 中，还可以对表格直接进行缩放，其具体操作方法是：调整表格右下角的调整控制点，当鼠标变成斜向的双向箭头 时，按住鼠标左键直接拖动到合适的位置，如图 5.2.15 所示，完成后释放鼠标即可。

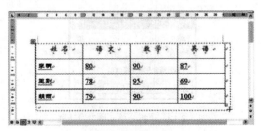

图 5.2.15 缩放表格

5.2.7　拆分表格

拆分表格实际上就是将一个表格拆分成两个或更多表格，其具体操作步骤如下：

（1）将光标定位在要拆分为两个表格中的下一个表格内的任意单元格中。

（2）选择 表格(A) → 拆分表格(T) 命令，插入点所在行以下的部分就从原表格中分离出来，成为一个独立的表格，用户还可以对两个表格的属性进行设置，效果如图 5.2.16 所示。

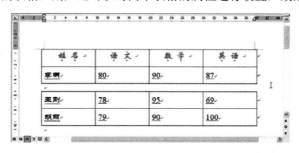

图 5.2.16　拆分表格效果

5.3　表格属性设定

表格的属性设定包括调整表格的列宽、行高、对齐方式、添加边框和底纹、表格自动套用格式和图文混排效果。

5.3.1　调整表格的列宽、行高

因为表格内容具有多样化的特点，所以有必要调整表格的列宽和行高，使其分布均匀。

1．调整表格的列宽

给表格设置列宽有 3 种方法，分别为：

（1）选择 表格(A) → 表格属性(R)… 命令，弹出 表格属性 对话框，打开 列(U) 选项卡，如图 5.3.1 所示。在该选项卡中可以指定列宽的具体数值。

图 5.3.1　"列"选项卡

（2）将鼠标指针移动到列边框线上，当鼠标变成 ◀‖▶ 形状时，拖动鼠标到合适的位置释放鼠标即可。

（3）选择 表格(A) → 自动调整(A) ▶ 命令，弹出"自动调整"下拉菜单，如图 5.3.2 所示，在下拉菜单中选择 平均分布各列(Y) 命令，则选定的单元格区域将设置成相同的宽度值。

2．调整表格的行高

在 Word 2003 中，给表格设置行高，主要有以下 3 种方法：

（1）选择 表格(A) → 表格属性(R)... 命令，弹出 表格属性 对话框，打开 行(R) 选项卡，如图 5.3.3 所示。在该选项卡中可以指定行高的具体数值。

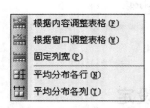

图 5.3.2 "自动调整"下拉菜单　　　　　　图 5.3.3 "行"选项卡

（2）将鼠标指针移动到行边框线上，当鼠标变成 ↕ 形状时，拖动鼠标到合适的位置释放鼠标即可。

（3）选择 表格(A) → 自动调整(A) ▶ 命令，在该下拉菜单中选择 平均分布各行(N) 命令，则选定的行区域将设置成相同的高度。

5.3.2 设置表格的对齐方式

新创建的表格在文档中的位置默认为居左，即整个表格向左边靠齐，用户还可以根据需要对表格的对齐方式进行设置，其具体操作步骤如下：

（1）选定要设置对齐方式的单元格区域，例如选择表格的第一行。

（2）单击鼠标右键，在弹出的快捷菜单中选择 单元格对齐方式(G) ▶ 命令，弹出如图 5.3.4 所示的列表。

图 5.3.4 "单元格对齐方式"列表

（3）选择合适的对齐方式，例如单击"中部居中"按钮 🗖，效果如图 5.3.5 所示。

此外，用户还可以在 表格属性 对话框中设置表格对齐方式，具体操作步骤如下：

（1）将光标定位在表格中的任意单元格中。

图 5.3.5 中部居中效果

（2）单击鼠标右键，从弹出的快捷菜单中选择 表格属性(R)... 命令，或者选择 表格(A) → 表格属性(R)... 命令，弹出 表格属性 对话框，如图 5.3.6 所示。

图 5.3.6 "表格属性"对话框

（3）在该对话框中的"对齐方式"选区中根据需要设置相应的选项。

（4）设置完成后，单击 确定 按钮，即可设置表格的对齐方式。

5.3.3 给表格添加边框和底纹

如果要给表格添加边框和底纹，可以按照以下操作步骤进行：

（1）选择要添加边框和底纹的表格或表格中的单元格区域。

（2）单击鼠标右键，在弹出的快捷菜单中选择 边框和底纹(B)... 命令，弹出 边框和底纹 对话框，打开 边框(B) 选项卡，如图 5.3.7 所示。

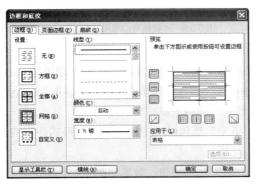

图 5.3.7 "边框"选项卡

（3）在"设置"选项区域中可以设置表格的边框形式。在"线型"列表框中选择一种边框线型。

（4）打开 底纹(S) 选项卡，在"填充"和"图案"选项区域中选择表格的底纹样式。

（5）设置完成后，单击 确定 按钮，效果如图 5.3.8 所示。

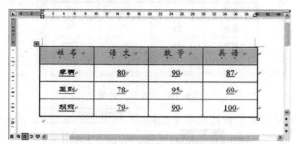

图 5.3.8 添加边框和底纹效果

5.3.4 表格自动套用格式

在 Word 2003 中预设了许多种表格自动套用格式，用户可以直接选择这些套用格式，其具体操作步骤如下：

（1）将插入点定位在要自动套用格式的表格中。

（2）选择 表格(A) → 表格自动套用格式(F)... 命令，弹出 表格自动套用格式 对话框，如图 5.3.9 所示。

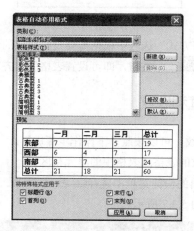

图 5.3.9 "表格自动套用格式"对话框

（3）在"类别"下拉列表中选择表格的类别，例如选择"所有表格样式"选项。

（4）在"表格样式"列表框中选择一种表格样式，单击 新建(N)... 按钮，弹出 新建样式 对话框，在该对话框中可以对选择的表格样式进行属性和格式的设置，单击 确定 按钮。

（5）设置的效果将在"预览"窗格中显示出来。

（6）在"将特殊格式应用于"选项区域中，可以设置格式应用的范围，默认情况下是应用于整个表格。

（7）设置完成后，单击 应用(A) 按钮，效果如图 5.3.10 所示。

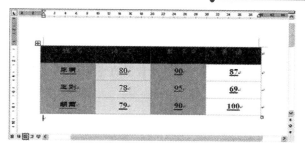

图 5.3.10　自动套用格式后效果

5.3.5　表格、文字混合排版

在 Word 2003 中还可以将表格和文字混合排版，其具体操作步骤如下：

（1）把光标定位在表格内的任意一个单元格内。

（2）选择 表格(A) → 表格属性(R)... 命令，弹出 表格属性 对话框，打开 表格(T) 选项卡，如图 5.3.11 所示。

（3）在"文字环绕"选项区域中选定"环绕"选项，单击 定位(P)... 按钮，弹出 表格定位 对话框，如图 5.3.12 所示。

图 5.3.11　"表格"选项卡

图 5.3.12　"表格定位"对话框

（4）在"水平"选项区域中设置其水平位置，在"垂直"选项区域中设置其垂直位置，在"距正文"选项区域中的 4 个微调框中设置表格与周围正文之间的距离。

（5）设置完成后，单击 确定 按钮，效果如图 5.3.13 所示。

图 5.3.13　文字与表格混排效果

5.4 数 据 处 理

在 Word 2003 中制作出来的表格一般离不开对数据的处理。本节主要介绍表格排序以及表格计算方面的知识。

5.4.1 表格排序

使用 Word 对表格中的数据进行简单的排序，其具体操作步骤如下：

（1）将插入点定位在要进行排序的表格中。

（2）选择 表格(A) → ↓ 排序(S)... 命令，弹出 排序 对话框，如图 5.4.1 所示。

图 5.4.1 "排序" 对话框

（3）在 "主要关键字" 下拉列表中选择排序字段，例如选择 "语文"，在 "类型" 下拉列表中选择字段类型，例如选择 "数字"，选中 ● 升序(A) 单选按钮。

（4）设置完成后，单击 确定 按钮，即可看到排序后 "语文" 字段的效果，如图 5.4.2 所示。

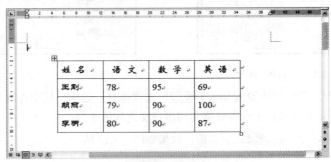

图 5.4.2 排序后的效果

5.4.2 表格计算

Word 2003 对每个单元格都有一个标识，从左到右依次为 A，B，C 和 D 等；从上到下依次为 1，2，3 和 4 等，因此对应的单元格也可标识为 A1，B1，C1 和 D1 等。利用该单元格的标识符可以对表格中的数据进行计算，其具体操作步骤如下：

（1）将插入点定位在要计算的单元格内。

（2）选择 表格(A) → 公式(O)... 命令，弹出 公式 对话框，如图 5.4.3 所示。

图 5.4.3 "公式"对话框

（3）在"公式"文本框中输入公式，同时还可以在"粘贴函数"下拉列表中选择所需的函数。

（4）在"数字格式"下拉列表中选择一种数字格式。

（5）设置完成后，单击 确定 按钮。

（6）用同样的方法对表格中的其他单元格进行计算，效果如图 5.4.4 所示。

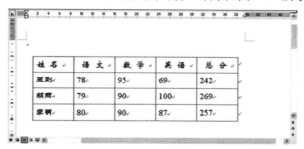

图 5.4.4 表格计算结果

5.5 应用实例——制作成绩统计表

本例制作成绩统计表，最终效果如图 5.5.1 所示。

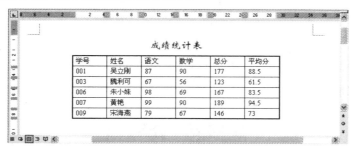

图 5.5.1 最终效果

操作步骤

（1）选择 表格(A) → 插入(I) ▶ 表格(T)... 命令，弹出 插入表格 对话框，在"行数"和"列数"微调框中输入表格的行数和列数为"6"和"6"。

（2）单击 确定 按钮，即可插入一个表格。

（3）输入表格的标题为"成绩统计表"，并输入表格的内容，如图 5.5.2 所示。

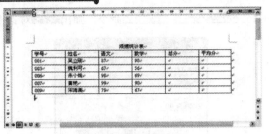

图 5.5.2 输入表格内容

（4）选中表格，选择 格式(O) → 边框和底纹(B)... 命令，弹出 边框和底纹 对话框，打开 边框(B) 选项卡，如图 5.5.3 所示。

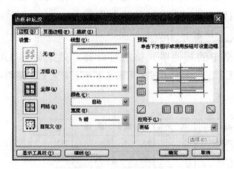

图 5.5.3 "边框"选项卡

（5）在"设置"选项区域中选择"网格"选项，在"宽度"下拉列表中设置其外框线为"1.5 磅"，设置完成后，单击 确定 按钮。

（6）然后设置表格的标题格式，并调整表格的间距，效果如图 5.5.4 所示。

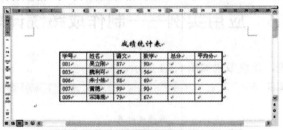

图 5.5.4 设置表格样式效果

（7）将光标定位在"E2"单元格中，选择 表格(A) → 公式(O)... 命令，弹出 公式 对话框，如图 5.5.5 所示。

图 5.5.5 "公式"对话框

（8）在"公式"文本框中将显示默认的公式为"=SUM(LEFT)"，单击 确定 按钮即可求出计算结果。

（9）按照同样的方法计算其他单元格的数据。

提　示：在计算"F2"单元格内的数据时，必须在"公式"文本框内输入公式"=AVERAGE(C2:D2)"，然后才能计算。

（10）本例制作完毕，最终效果如图 5.5.1 所示。

本 章 小 结

本章主要介绍了创建表格、编辑表格、表格属性设定、表格中数据的处理等内容。通过本章的学习，用户可以在文档中插入表格，利用表格将某些问题阐述得更加清晰，条理更加分明。

实 训 练 习

一、填空题

1．插入表格有两种方法，一种方法是使用_____；另一种方法是使用_____。

2．将文本转换为表格时，必须加_____。

3．利用_____标尺可以调整表格的行高和文本的上下页边距。

二、选择题

1．在 Word 表格中，若选定一单元格，再单击"剪切"按钮，结果是（　　）。

　　A．将该单元格内容删除变成空白

　　B．将该单元格删除，表格被拆分

　　C．将该单元格删除，表格减少一个单元格

　　D．沿该单元格左边，将原表剪切成两个表格

2．在 Word 中，如果插入表格的内外框线是虚线，要想将虚线变成实线，可使用的选项是（　　）。（假如插入点在表格中）

　　A．"表格"菜单下的"虚线"命令

　　B．"格式"菜单下的"边框和底纹"命令

　　C．"表格"菜单下的"选中表格"命令

　　D．"格式"菜单下的"制表位"命令

3．在 Word 2003 中，表格拆分指的是（　　）。

　　A．从某两行之间把原来的表格分为上、下两个表格

　　B．从某两列之间把原来的表格分为左、右两个表格

　　C．从表格的正中间把原来的表格分为两个表格，方向由用户指定

　　D．在表格中由用户任意指定一个区域，将其单独存为另一个表格

4．在 Word 2003 中，将文字转换为表格，不同单元格的内容需放入同一行时，文字间（　　）。

　　A．必须用逗号分隔开

　　B．必须用空格分隔开

C. 必须用制表符分隔开

D. 可以用以上任意一种符号或其他符号分隔开

三、简答题

1. 如何创建一个普通表格？

2. 如何来选中表格？

3. 如何给表格设置边框和底纹？

4. 如何插入或删除单元格？

5. 如何合并和拆分单元格？

6. 如何设置表格的属性？

7. 如何在 Word 中对表格中的数据进行处理？

四、上机操作题

创建一个 7 列 7 行的表格，在表格中进行以下操作：

（1）在表格中输入一个学校的课程表内容。

（2）练习把表格转换成文字。

（3）对表格结构进行调整。

（4）设置表格的格式，改变列宽和行高，按指定的数值输入。

（5）缩放表格、自动套用格式、给表格添加边框和底纹。

（6）输入一篇文档，然后对表格进行环绕排版。

第 6 章 图形和图像的编辑

Word 2003 提供了强大的图文混排功能，在文档中插入各式各样的图形和图像，如剪贴画、艺术字和文本框等，可使文档图文并茂、生动形象。

知识要点

- 绘制图形
- 插入图片或剪贴画
- 艺术字
- 文本框
- 插入组织结构图

6.1 绘 制 图 形

用户要在 Word 文档中绘制图形，可以单击"绘图"工具栏中的 自选图形 (U)▾ 按钮，在弹出的下拉菜单中选择所需的图形，并且可以对这些图形进行改动，如图形的大小、旋转和移动等，还可以和其他图形排列组合为较复杂的图形。

6.1.1 绘制图形

绘制图形包括绘制线条、绘制一些特殊图形和绘制自选图形。

1. 绘制线条

选择 视图 (V) → 工具栏 (T) ▶ 绘图 命令，即可打开"绘图"工具栏，如图 6.1.1 所示。"绘图"工具栏中的各个按钮及其功能说明如表 6.1 所示。

表 6.1 "绘图"工具栏中的按钮及其功能

按 钮	名 称	功 能	按 钮	名 称	功 能
绘图 (D)▾	绘图	提供调整绘制后的图形菜单		插入剪贴画	插入 Word 自带的剪贴画
	选择对象	选择图形对象		插入图片	插入来自文件的图片
自选图形 (U)▾	自选图形	提供 Word 2003 中已绘制好的图形		填充颜色	选择填充颜色
	直线	绘制直线		线条颜色	选择线条颜色
	箭头	绘制带箭头的直线	A▾	字体颜色	选择字体颜色
	矩形	绘制矩形		线型	选择线型
	椭圆	绘制椭圆		虚线线型	选择虚线的线型
	文本框	插入横排文本框		箭头样式	选择箭头的类型
	竖排文本框	插入竖排文本框		阴影样式	选择图形的阴影类型
	插入艺术字	插入艺术字		三维效果样式	选择图形的三维效果
	插入组织结构图	插入组织结构图			

图 6.1.1 "绘图"工具栏

（1）绘制直线。如果要绘制一条直线，单击"绘图"工具栏中的"直线"按钮，鼠标变为"十"字形状，这时按住鼠标拖动到合适的位置释放鼠标，即可绘制一条直线。

也可以单击"绘图"工具栏上的 自选图形(U) 按钮，在弹出的下拉菜单中选择"直线"按钮，如图 6.1.2 所示。

（2）绘制曲线。绘制曲线的方法有很多种，在如图 6.1.2 所示的下拉菜单中选择 线条(L) 选项下的"曲线"按钮，鼠标变为"十"字形状，单击并拖动便可开始绘制曲线。当绘制到第一个转折点时单击鼠标即可，同样的方法确定曲线的第二个转折点和第三个转折点。曲线绘制完成后双击鼠标即可。

图 6.1.2 "自选图形"下拉菜单

如果要绘制闭合曲线，当曲线绘制结束时在曲线的起始位置附近单击即可。

 注意：绘制和编辑图形只可以在页面视图下进行。

2．绘制特殊图形

通过"绘图"工具栏可以绘制一些基本图形，如矩形、正方形、椭圆和圆，还可以绘制大小不同的箭头形状。

如果要绘制矩形，单击"绘图"工具栏上的"矩形"按钮，当鼠标变为"十"字形状时，单击并拖动鼠标开始绘制矩形，当达到需要的大小时，释放鼠标并在文档的任意位置处单击即可绘制一个矩形。如果要绘制正方形，在拖动鼠标时按住"Shift"键即可。

单击"绘图"工具栏上的"椭圆"按钮，当鼠标变为"十"字形状时，单击并拖动鼠标开始绘制椭圆，当达到需要的大小时，释放鼠标并在文档的任意位置处单击鼠标即可绘制一个椭圆。如果在拖动鼠标时按住"Shift"键，便可绘制一个圆。

单击"绘图"工具栏上的"箭头"按钮，当鼠标变为"十"字形状时，单击并拖动鼠标开始绘制箭头，当达到需要的大小时，在文档的任意位置处单击即可。绘制的特殊图形效果如图 6.1.3 所示。

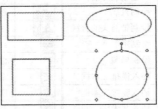

图 6.1.3 绘制特殊图形

3. 绘制自选图形

自选图形是一组现成的形状，它包括各种线条、连接符、矩形和平行四边形等一些基本形状、箭头总汇、流程图符号、星与旗帜和标注等。

绘制自选图形的具体操作步骤如下：

（1）单击"绘图"工具栏上的 自选图形 (U) ▼ 按钮，弹出"自选图形"下拉菜单（见图 6.1.2）。

（2）在其下拉菜单中选择所需的菜单命令，在弹出的级联菜单中将出现相应的图形，例如：

1）选择 线条 (L) ▶ 命令，弹出如图 6.1.2 所示的线条类型。

2）选择 连接符 (N) ▶ 命令，弹出如图 6.1.4 所示的连接符类型。

3）选择 基本形状 (B) ▶ 命令，弹出如图 6.1.5 所示的基本形状类型。

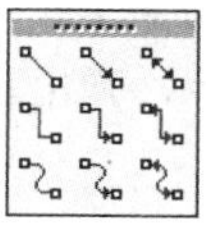

图 6.1.4 "连接符"下拉菜单 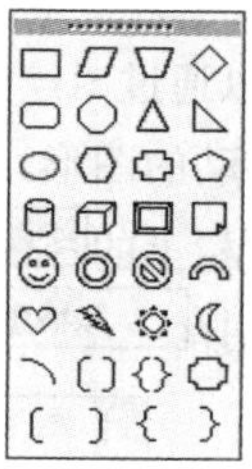　　　图 6.1.5 "基本形状"下拉菜单

4）选择 箭头总汇 (A) ▶ 命令，弹出如图 6.1.6 所示的箭头总汇类型。

5）选择 流程图 (F) ▶ 命令，弹出如图 6.1.7 所示的流程图类型。

图 6.1.6 "箭头总汇"下拉菜单　　　图 6.1.7 "流程图"下拉菜单

6）选择 星与旗帜 (S) ▶ 命令，弹出如图 6.1.8 所示的星与旗帜类型。

7）如果要给图形添加标注，首先选定要添加标注的图形，然后选择 标注 (C) ▶ 命令即可。选择"自选图形"下拉菜单中各个命令的效果图，如图 6.1.9 所示。

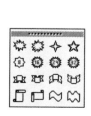 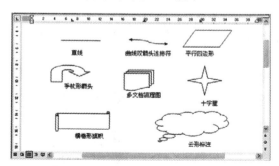

图 6.1.8 "星与旗帜"下拉菜单　　　图 6.1.9 "自选图形"效果图

（3）如果要绘制的图形的高度与宽度成一定的比例，拖动鼠标时按住"Shift"键即可。

6.1.2　编辑图形

刚插入到文档中的自选图形上有一些调整控制点,此时的图形具有浮动性,用户可以对图形进行调整,如移动、调整叠放次序、旋转、排列和组合等。

1. 移动图形

有时需要对插入的图形进行移动,移动图形的具体操作步骤如下:

(1) 选中插入的图形,其周围出现一些小圆圈,这些小圆圈就是图形的调整控制点。

(2) 单击图形上调整控制点以外的部分,并拖动鼠标即可移动图形;或者在按住"Ctrl"键的同时,利用键盘上的"上""下""左"和"右"4 个方向键进行移动。

要对图形进行微调,可以通过"绘图"工具栏来实现,具体操作步骤如下:

(1) 首先选中要进行移动的图形。

(2) 单击"绘图"工具栏上的 绘图(D)▼ 按钮,弹出其下拉菜单。

(3) 在其下拉菜单中选择 微移(N)　　　　　▶ 命令,弹出其子菜单如图 6.1.10 所示。

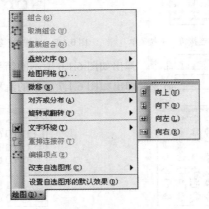

图 6.1.10　"绘图"下拉菜单的"微移"子菜单

(4) 根据需要在子菜单中选择图形的移动方向。

2. 调整叠放次序

插入到文档中的多个图形不仅可以相互重叠,而且可以调整图形的重叠次序。具体操作步骤如下:

(1) 首先选中要调整次序的图形。

(2) 单击"绘图"工具栏上的 绘图(D)▼ 按钮,在弹出的下拉菜单中选择 叠放次序(R)　　　　　▶ 命令,弹出如图 6.1.11 所示的子菜单。

图 6.1.11　"叠放次序"子菜单

(3) 根据需要在"叠放次序"子菜单中选择所需的命令。

3．旋转或翻转图形

对于绘制的图形，可以自由旋转任意角度。旋转或翻转图形的具体操作步骤如下：

（1）选中要进行旋转或翻转的图形。

（2）单击"绘图"工具栏中的 绘图(D) ▼ 按钮，在弹出的下拉菜单中选择 旋转或翻转(P) ▶ 命令，弹出如图 6.1.12 所示的子菜单。

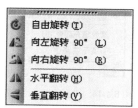

图 6.1.12 "旋转或翻转"子菜单

（3）根据需要在子菜单中选择相应的命令。

1）选择 自由旋转(T) 命令，在图形的 4 个角上出现 4 个绿色控制点，拖动任意控制点即可对图形进行任意旋转，如图 6.1.13 所示。旋转到合适的位置，释放鼠标，在图形外的任意位置处单击即可完成旋转，图中虚线的位置即是旋转以后的图形位置。

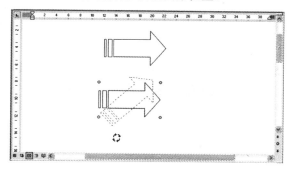

图 6.1.13 自由旋转示例

2）选择 向左旋转 90°(L) 命令，将图形向左旋转 90°。

3）选择 向右旋转 90°(R) 命令，将图形向右旋转 90°。

如果要翻转图形，根据需要选择 水平翻转(H) 或 垂直翻转(V) 命令。

1）选择 水平翻转(H) 命令，翻转后的图形与翻转前的图形以 Y 轴对称。

2）选择 垂直翻转(V) 命令，翻转后的图形与翻转前的图形以 X 轴对称。

6.1.3 美化图形

对图形进行初步编辑后还可以美化图形，如设置填充效果、阴影样式和三维效果等，可以使图形更加美观、漂亮。

1．设置填充效果

为图形内部填充颜色的具体操作步骤如下：

（1）选中要填充颜色的图形。

（2）单击"绘图"工具栏上的"填充颜色"按钮 ◇▼ 旁的下三角按钮 ▼，弹出如图 6.1.14 所示的下拉列表。

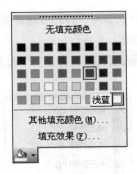

图 6.1.14　"颜色"下拉列表

（3）在"颜色"下拉列表中选择一种颜色进行填充，如"浅蓝"。

（4）如果"颜色"下拉列表中没有所需的颜色，可以选择 其他填充颜色(M)... 命令，在弹出的 颜色 对话框中进行自定义设置。

除了对图形添加颜色外，还可以填充渐变、纹理、图案和图片等效果。

对绘制的图形设置填充效果的具体操作步骤如下：

（1）选择"颜色"下拉列表中的 填充效果(F)... 命令，弹出如图 6.1.15 所示的 填充效果 对话框。

（2）系统默认打开 渐变 选项卡，在"颜色"选项区域中选中不同的单选按钮会有不同的渐变颜色效果。

选中 单色(N) 单选按钮，在"颜色"选项区域中提供了一种颜色深浅不同的渐变效果。

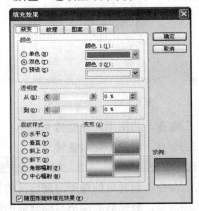

图 6.1.15　"填充效果"对话框

选中 双色(T) 单选按钮，在"颜色"选项区域中提供了任意两种颜色深浅不同的渐变效果。

选中 预设(S) 单选按钮，在"预设颜色"下拉列表中提供了多种 Word 2003 自带的渐变效果。

（3）在"透明度"选项区域中移动列表框中的滑块来确定透明度的范围。

（4）在"底纹样式"选项区域中选择不同的单选按钮可以设置不同的底纹方向。

（5）在"变形"选项区域中选择底纹的不同渐变类型。

（6）在"示例"框中可以看到图形设置的效果，单击 确定 按钮完成图形填充。

提示：在 填充效果 对话框中，根据需要打开不同的选项卡可以设置不同的填充效果。

2．设置阴影效果

对图形进行阴影设置，可使图形更具立体感。为图形设置阴影效果的具体操作步骤如下：

（1）首先选中要添加阴影效果的图形。

（2）单击"绘图"工具栏上的"阴影样式"按钮，弹出如图 6.1.16 所示的"阴影样式"列表，在列表中选择一种阴影样式。

图 6.1.16　"阴影样式"列表

（3）选择命令，打开如图 6.1.17 所示的"阴影设置"工具栏，通过工具栏上的按钮可以对图形阴影的位置、颜色等进行调整。

6.1.17　"阴影设置"工具栏

3．设置三维效果

为图形设置三维效果会使图形更逼真、形象，它和设置阴影样式效果一样不会改变图形的本身，但用户可以根据需要更改其位置、深度、角度、表面效果和颜色等。

为图形设置三维效果的具体操作步骤如下：

（1）首先选中要设置三维效果的图形。

（2）单击"绘图"工具栏上的"三维效果样式"按钮，弹出如图 6.1.18 所示的"三维效果样式"列表，在列表中选择一种三维样式。

图 6.1.18　"三维效果样式"列表

（3）在列表中选择三维设置③...命令，打开如图 6.1.19 所示的"三维设置"工具栏。通过工具栏上的各个按钮可以对图形添加的三维效果进行各种各样的调整。

图 6.1.19　"三维设置"工具栏

应用填充效果、阴影样式效果和三维样式效果的效果图，如图 6.1.20 所示。

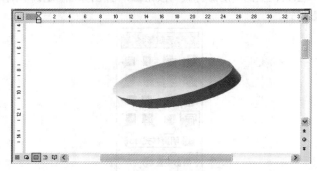

图 6.1.20　三维样式效果图

6.2　插入图片或剪贴画

在文档中插入图片或剪贴画不仅会使文档显得生动有趣，而且会使用户更快地理解文档中的内容。本节主要介绍如何在文档中插入图片和剪贴画以及设置图片效果等内容。

6.2.1　插入图片

Word 2003 可以插入多种格式的外部图片，如 JPEG，TIF 等格式。

插入图片的具体操作步骤如下：

（1）选择 插入(I) → 图片(P) ▶ → 来自文件(F)… 命令，弹出如图 6.2.1 所示的 插入图片 对话框。

图 6.2.1　"插入图片"对话框

（2）在"查找范围"下拉列表中选择合适的文件夹。

（3）在其列表框中选择所需的图片文件。

（4）单击 插入(S) 按钮，选择的图片即可插入到文档中，如图 6.2.2 所示。

图 6.2.2　插入的图片

6.2.2　插入剪贴画

用户不仅可以插入外部文件中的图片还可以插入剪辑库中的图片。Word 2003 自带了一个内容十分丰富的剪贴画图片库。

在文档中插入剪贴画的具体操作步骤如下：

（1）首先将光标放在要插入图片的位置。

（2）选择 [插入(I)] → [图片(P)] ▶ → [剪贴画(C)...] 命令，打开如图 6.2.3 所示的 [剪贴画 ▼] 任务窗格。

（3）在"搜索文字"文本框中输入剪贴画的相关主题或类别。

（4）在"搜索范围"下拉列表中选择要搜索的范围。

（5）在"结果类型"下拉列表中选择文件类型。

（6）单击 [搜索] 按钮，在 [剪贴画 ▼] 任务窗格中即可显示查找到的剪贴画。

（7）单击要插入到文件的图片，即可将图片插入到文件中，如图 6.2.4 所示。

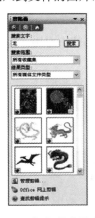

图 6.2.3　"剪贴画"任务窗格

图 6.2.4　插入的剪贴画

6.2.3　图片效果的处理

在 Word 2003 中不但可以插入图片，而且还可以对插入的图片进行各种效果处理。

1. 打开"图片"工具栏

右击插入到文档中的图片，打开如图 6.2.5 所示的"图片"工具栏。利用"图片"工具栏上的命令按钮，可以对图片进行各种编辑和格式设置。单击"图片"工具栏上的"插入图片"按钮，可以弹出对话框。

图 6.2.5　"图片"工具栏

2．设置颜色效果

单击"图片"工具栏上的"颜色"按钮，弹出如图 6.2.6 所示的下拉菜单。选择其中任意一个命令，可以对图片进行简单的颜色效果设置。

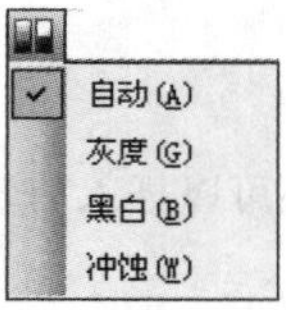

图 6.2.6　"颜色"下拉菜单

3．设置对比度和亮度

设置图形的对比度和亮度，其具体操作步骤如下：

单击"图片"工具栏上的"增加对比度"按钮，可以增加图片的对比度。

单击"图片"工具栏上的"降低对比度"按钮，可以降低图片的对比度。

单击"图片"工具栏上的"增加亮度"按钮，可以增加图片的亮度。

单击"图片"工具栏上的"降低亮度"按钮，可以降低图片的亮度。

4．调整图片大小

调整图片大小的具体操作步骤如下：

（1）单击所要操作的图片，这时图片的四周会出现 8 个实心的小方块，这表示此图片已经被选定，可以进行修改操作。这 8 个实心的小方块叫 8 个控制点。

（2）把鼠标指针放置在控制点上，这时鼠标指针形状变成双箭头形。

（3）拖动鼠标可修改图片的大小，释放鼠标后效果如图 6.2.7 所示。

图 6.2.7　调整图片大小

技巧：选中插入的图片，此时在该图片四周出现 8 个控制点，将鼠标分别移到 8 个控制点上，当鼠标指针变为 ↔、↕、↖ 或 ↗ 形状时，拖动鼠标可以按照相应的方向调整图片大小。

5．裁剪图片

裁剪图片的具体操作步骤如下：

（1）选定要裁剪的图片。

（2）单击工具栏上的"裁剪"按钮，鼠标变为 形状。

（3）将鼠标放到图片上任意一个控制点上，根据需要拖动鼠标进行剪裁。

（4）完成操作后，再次单击"裁剪"按钮 即可，如图 6.2.8 所示。

图 6.2.8　裁剪图片

5. 旋转图片

选中图片后，单击"图片"工具栏上的"向左旋转 90°"按钮，图片向左旋转 90°。

6. 压缩图片

压缩图片可以缩小文档的体积，提高打开文档的速度。要对图片进行压缩，直接单击"图片"工具栏上的"压缩图片"按钮，弹出如图 6.2.9 所示的 压缩图片 对话框，根据对话框中的提示对图片进行设置即可。

7. 设置文字环绕效果

单击"图片"工具栏上的"文字环绕"按钮，弹出如图 6.2.10 所示的下拉菜单。在下拉菜单中选择其中任意一个命令，可以设置图片与文本的位置，如图 6.2.11 所示。

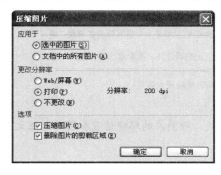

图 6.2.9　"压缩图片"对话框　　　　图 6.2.10　"文字环绕"下拉菜单

插入图片的文字环绕方式决定了图片和文本之间的位置关系、叠放次序和组织形式，Word 2003 对插入的图片提供了多种不同的文字环绕方式，主要包括：

（1）嵌入型：Word 将嵌入的图片当做文本中的一个普通字符来对待，图片将跟随文本的变动而变动。

（2）四周型环绕：文字在图片方形边界框四周环绕，此时的图片具有浮动性，可以在文档中自由移动，图片周围的小方块句柄变成了空心小圆圈。

（3）紧密型环绕：文字紧密环绕在实际图片的边缘（按实际的环绕顶点环绕图片），而不是环绕于图片边界。

（4）衬于文字下方：此时的图片就像文字的背景图案，文字在图片的上方。

（5）衬于文字上方：文字位于图片的下方，图片挡住了后面的文字。

（6）上下型环绕：文字位于图片的上、下，图片和文字泾渭分明，显得版面很整洁。

（7）穿越型环绕：文字沿着图片的环绕顶点环绕图片，且穿越凹进的图形区域。

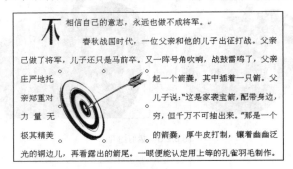

图 6.2.11　"四周型环绕"方式

在"文字环绕"列表中，选择 编辑环绕顶点(E) 命令，可以编辑图片的环绕顶点，使得在**紧密**型环绕或穿越型环绕中，文字按照环绕顶点进行环绕。图片默认的环绕顶点只有四角上的四个，**编辑**环绕顶点是可以拖动着四个顶点改变环绕情况，也可以拖动环绕边增加新的环绕顶点，如图 6.2.12所示。

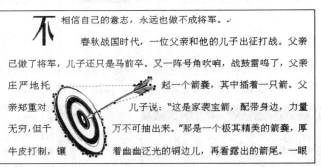

图 6.2.12　编辑环绕顶点效果

提示：如果要精确设置文字环绕方式，即图片的环绕位置和图片与正文之间的距离，可以使用 设置图片格式 对话框进行操作。

8．设置图片格式

单击"图片"工具栏上的"设置图片格式"按钮 ，弹出如图 6.2.13 所示的 设置图片格式 对话框。系统默认打开 图片 选项卡，用户可以通过此选项卡来设置图片格式。

在该对话框中依次打开 颜色与线条 、 大小 和 版式 选项卡，可以设置图片的颜色、尺寸和位置等。通过 设置图片格式 对话框，基本可以完成所有关于图片格式的设置。下面以设置图片颜色和线条为例，讲解如何设置图片格式。

设置图片的颜色和线条可以用 设置图片格式 对话框来进行，具体操作步骤如下：

（1）单击所要操作的图片，图片的四周会出现 8 个控制点。

（2）单击鼠标右键，在弹出的快捷菜单中选择 设置图片格式(I)... 命令，弹出 设置图片格式 对话框，打开 颜色与线条 选项卡，如图 6.2.14 所示。

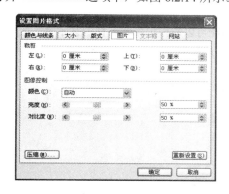
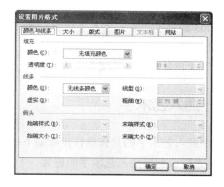

图 6.2.13 "设置图片格式"对话框 图 6.2.14 "颜色和线条"选项卡

（3）在"填充"选区的"颜色"下拉列表中选择一种填充色；在"线条"选区的"颜色"下拉列表中选择一种线条颜色。用户可根据需要设置填充颜色和线条颜色、线型。

（4）设置完成后，单击 确定 按钮，效果如图 6.2.15 所示。

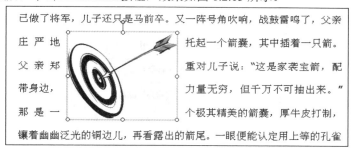

图 6.2.15 设置图片格式效果

9. 设置图片的透明色

选中要设置透明色的图片，单击"图片"工具栏上的"设置透明色"按钮，鼠标变为 形状，这时将鼠标指向选中图片中需要设置为透明色的部分，单击鼠标即可将所选部分设置为透明色。这种功能只适用于位图图像，如图 6.2.16 所示。

图 6.2.16 设置图片透明色效果

10. 还原图片

单击"图片"工具栏上的"重设图片"按钮，可以恢复图片的原始格式。

6.3 艺 术 字

Word 2003 提供了强大的艺术字功能，通过此功能可以制作出各式各样的艺术字。艺术字作为图片对象可以插入到文档中。用户还可以在文档中编辑艺术字，如更改艺术字样式、设置艺术字格式、改变艺术字形状和设置文字环绕方式等。

6.3.1 插入艺术字

在文档中插入艺术字的具体操作步骤如下：

（1）将光标放到要插入艺术字的位置。

（2）选择 插入(I) → 图片(P) ▶ 艺术字(W)... 命令，或者单击"绘图"工具栏上的"插入艺术字"按钮，弹出如图 6.3.1 所示的 艺术字库 对话框。

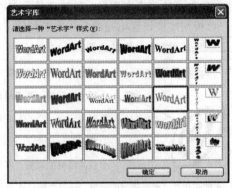

图 6.3.1 "艺术字库"对话框

（3）在 艺术字库 对话框中选择一种艺术字，单击 确定 按钮，弹出如图 6.3.2 所示的 编辑"艺术字"文字 对话框。

图 6.3.2 "编辑'艺术字'文字"对话框

（4）在"文字"文本框中输入文本内容。

（5）在"字体"下拉列表中选择所需的字体；在"字号"下拉列表中选择所需的字号；根据需要单击"加粗"按钮 B 或"倾斜"按钮 I。

（6）单击 确定 按钮，即可插入艺术字，效果如图 6.3.3 所示。

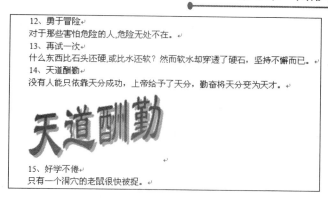

图 6.3.3　"插入艺术字"效果

6.3.2　编辑艺术字

单击插入到文档中的艺术字，打开"艺术字"工具栏，如图 6.3.4 所示。利用工具栏上的命令按钮可以对艺术字进行各种编辑操作。

图 6.3.4　"艺术字"工具栏

1. 更改艺术字样式

单击"艺术字"工具栏上的"艺术字库"按钮，弹出 艺术字库 对话框（见图 6.3.1 所示）。在该对话框中选择另一种艺术字样式，单击 确定 按钮，则更改了原有的艺术字样式。

2. 设置艺术字格式

单击"艺术字"工具栏上的"设置艺术字格式"按钮，弹出如图 6.3.5 所示的 设置艺术字格式 对话框，对话框默认打开 大小 选项卡，在该选项卡中可以设置艺术字的大小。

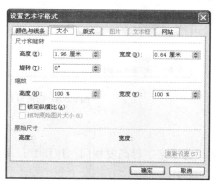

图 6.3.5　"设置艺术字格式"对话框

设置艺术字大小的具体操作步骤如下：

（1）在 大小 选项卡中的"尺寸和旋转"选项区域中，根据需要调整"高度"和"宽度"微调框中的数值。如果要旋转艺术字到某一角度，可以在"旋转"微调框中设置数值。

（2）在"缩放"选项区域中分别调整"高度"和"宽度"微调框中的数值。

（3）如果选中☑锁定纵横比(A)复选框，则调整"高度"微调框中的数值时，"宽度"微调框中的数值也将随之发生变化。

（4）单击 确定 按钮，艺术字大小即发生了变化。

在 设置艺术字格式 对话框中打开相应的选项卡，可以设置艺术字的大小、颜色、线条和版式等。

3．改变艺术字形状

单击"艺术字"工具栏上的"艺术字形状"按钮▲，弹出如图 6.3.6 所示的下拉列表。在列表中单击任意形状，艺术字形状将随之改变，如图 6.3.7 所示。

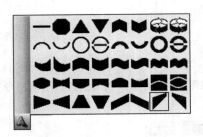

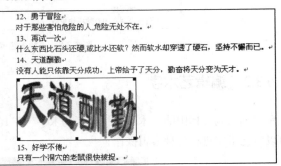

图 6.3.6　"艺术字形状"下拉列表　　　　图 6.3.7　选择"波形"形状效果

4．设置文字环绕方式

单击"艺术字"工具栏上的"文字环绕"按钮▣，弹出如图 6.3.8 所示的下拉菜单，根据需要选择所需的文字环绕方式，如图 6.3.9 所示。

图 6.3.8　"文字环绕"下拉菜单　　　　图 6.3.9　四周型右对齐方式

5．设置艺术字字母高度

单击"艺术字"工具栏上的"艺术字字母高度相同"按钮，选中的艺术字中的所有字母高度相同。

6．设置艺术字竖行排列

单击"艺术字"工具栏上的"艺术字竖排文字"按钮，将艺术字竖行排列。

7．设置艺术字对齐方式

单击"艺术字"工具栏上的"艺术字对齐方式"按钮，弹出如图 6.3.10 所示的下拉菜单，根据需要选择艺术字的对齐方式。

8．调整艺术字字符间距

单击"艺术字"工具栏上的"艺术字字符"按钮 AV，弹出如图 6.3.11 所示的下拉菜单。根据需要在菜单中选择相应的命令，调整艺术字字符之间的间距。

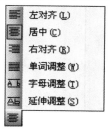

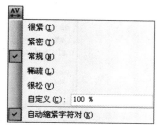

图 6.3.10　"艺术字对齐方式"下拉菜单　　　　图 6.3.11　"艺术字字符"下拉菜单

6.4　文　本　框

在 Word 文档中，不仅可以插入图片、剪贴画和艺术字，还可以插入文本框。文本框是一种可移动、可调整大小的放置文本的工具。在文本框中可以放置文本和插入图片，使用文本框可将文本、图片放在文档的任意位置，而且还可以对文本、图片进行编辑。

6.4.1　创建文本框

在文档中既可以插入横排文本框也可以插入竖排文本框。

在文档中插入横排文本框的具体操作步骤如下：

（1）选择 插入(I) → 文本框(X) ▶ → 横排(H) 命令，或者单击"绘图"工具栏上的"文本框"按钮，鼠标变为"十"字形状。

（2）单击并拖动鼠标调整到合适的大小，释放鼠标，文本框便被插入到文档中。

（3）将光标置于文本框内，便可在此光标处输入文本，如图 6.4.1 所示。

图 6.4.1　插入文本框

插入竖排文本框的方法与插入横排文档的方法相同。

选择 插入(I) → 文本框(X) ▶ → 竖排(V) 命令，或者单击"绘图"工具栏上的"竖排文本框"按钮。

6.4.2　设置文本框

双击插入到文档中的文本框，或在文本框中单击鼠标右键，在弹出的快捷菜单中选择设置文本框格式(O)... 命令，弹出如图 6.4.2 所示的 设置文本框格式 对话框。通过该对话框可以设置文本框的大小、填充色和线条色、版式和文本框内文字的间距等。

图 6.4.2 "设置文本框格式"对话框

1．设置文本框的大小

设置文本框大小的具体操作步骤如下：

（1）在 设置文本框格式 对话框中打开 大小 选项卡。

（2）在"尺寸和旋转"选项区域中根据需要调整"高度"和"宽度"微调框中的数值。

（3）也可在"缩放"选项区域中调节"高度"和"宽度"微调框中的百分比。

（4）如果选中 锁定纵横比(A) 复选框，则调整"高度"微调框中的数值时"宽度"微调框中的数值也将随之发生改变。

（5）单击 确定 按钮即可。

调整文本框大小还有另一种最直接的方法：单击插入到文档中的文本框，其边框上出现了 8 个控制点，单击并拖动任意一个控制点可调整文本框的大小。

2．设置文本框的填充色和线条色

设置文本框填充色和线条色的具体操作步骤如下：

（1）在 设置文本框格式 对话框中打开 颜色与线条 选项卡，如图 6.4.3 所示。

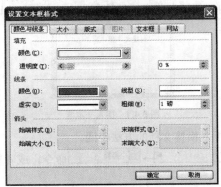

图 6.4.3 "颜色与线条"选项卡

（2）在"填充"选项区域中的"颜色"下拉列表中选择需要填充的颜色。移动"透明度"列表框中的滑块或调整微调框中的数值可以调整填充色的透明度。

（3）在"线条"选项区域中的"颜色"下拉列表中选择所需填充的颜色。在"线型"下拉列表中选择文本框的线型，在"粗细"微调框中调整线条粗细。一般情况下，默认其粗细为 0.75 磅。在 "虚实"下拉列表中选择文本框需要的是实线或虚线。

（4）单击 确定 按钮，效果如图 6.4.4 所示。

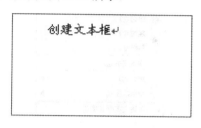

图 6.4.4　设置文本框线条与颜色效果

3．设置文本框的版式

设置文本框版式的具体操作步骤如下：

（1）在 **设置文本框格式** 对话框中打开 版式 选项卡，如图 6.4.5 所示。

（2）在"环绕方式"选项区域中根据需要选择一种方式。

（3）单击 确定 按钮即可。

4．设置文本框中的文字间距

设置文本框中的文字间距的具体操作步骤如下：

（1）在 **设置文本框格式** 对话框中打开 文本框 选项卡，如图 6.4.6 所示。

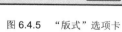

图 6.4.5　"版式"选项卡

图 6.4.6　"文本框"选项卡

（2）根据需要在"内部边距"选项区域中分别调整 4 个边距微调框中的数值。

（3）如果选中 ☑ Word 在自选图形中自动换行(W) 复选框，则文本框中的文字将自动换行来适应文本框的宽度。如果选中 ☑ 重新调整自选图形以适应文本(T) 复选框，Word 2003 将自动调整文本框的大小以适应文本。

（4）单击 确定 按钮即可。

5．文本框的链接

文本框的链接就是将两个或多个文本框链接起来，使之成为一个统一的整体。各个文本框之间按一定的顺序排列成一片连续的文档。在链接文本框中输入文本，如果第一个文本框写满，插入点自动跳到第二个文本框内，继续输入文本。

链接文本框的具体操作步骤如下：

（1）在文档中创建两个空白的文本框。

（2）选定第一个文本框，单击鼠标右键，弹出如图 6.4.7 所示的快捷菜单。

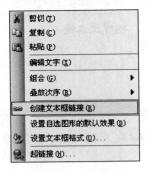

图 6.4.7　快捷菜单

（3）在弹出的快捷菜单中选择 创建文本框链接(R) 命令，鼠标变为罐状"🎁"，将鼠标移至第二个文本框，鼠标变为倾斜罐状"🎁"，单击鼠标，两个文本框就链接起来了。

（4）将光标移至第一个文本框内，输入文字，第一个文本框写满后，光标将自动跳到第二个文本框内，如图 6.4.8 所示。

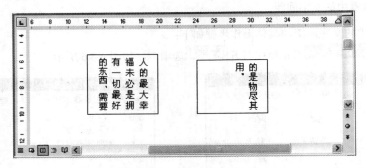

图 6.4.8　"链接文本框"示例

6．断开文本框的链接

如果将链接的文本框断开，就会生成两个互不联系的文本框。要断开文本框的链接，其具体操作步骤如下：

（1）选定将要停止文本链接的文本框。

（2）单击"文本框"工具栏上的"断开向前链接" 🎁 按钮，或者在断开链接文本框的前一个文本框上单击鼠标右键，在弹出的快捷菜单中选择 断开向前链接(B) 命令，即可断开链接。

注意：要在文档中显示"文本框"工具栏，首先文档中要有文本框，然后选择 视图(V) → 工具栏(T) ▶ → 文本框 命令即可。

7．删除链接文本框

要删除链接文本框，具体操作步骤如下：

（1）按住"Shift"键，选定链接文本框。

（2）按"Backspace"或"Delete"键即可。

如果要删除的是某个链接文本框直接按"Backspace"或"Delete"键。

6.5 插 入 图 示

在 Word 中插入图示可以很方便地产生各种图例,省去了使用图片制作软件绘制图形的不必要的麻烦。Word 中自带的图示有 6 种:组织结构图、目标图、循环图、棱锥图、射线图和维恩图。

下面以在文档中插入组织结构图为例,讲解如何插入图示。

（1）选择 插入(I) → 图示(G)... 命令,弹出 图示库 对话框,从中选择第一个类型,就是组织结构图,如图 6.5.1 所示。

图 6.5.1 "图示库"对话框

（2）单击 确定 按钮,可在文档中插入一个组织结构图,如图 6.5.2 所示。

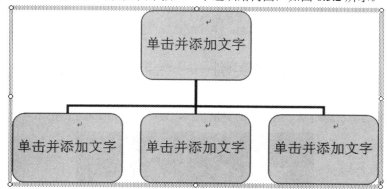

图 6.5.2 插入的组织结构图

（3）这时会弹出"组织结构图"工具栏,如图 6.5.3 所示。

图 6.5.3 "组织结构图"工具栏

（4）选择要更改的图框,单击 插入形状(N) 按钮,从弹出的下拉列表中选择 同事(C) 命令,效果如图 6.5.4 所示。

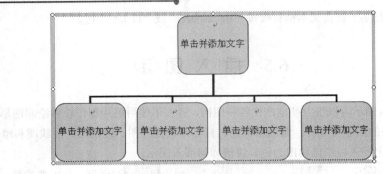

图 6.5.4 添加同事

（5）将光标定位到图框中，输入相应的文字并设置好字体、字号、字符颜色等，效果如图 6.5.5 所示。

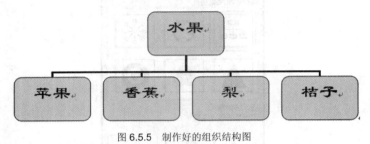

图 6.5.5 制作好的组织结构图

注意：如果要删除其中的一个框图，可选中该框图，按下 "Del" 键即可。在删除框图时，系统会智能化地删除相应的连接线。

6.6 应用实例——绘制五星红旗

利用 Word 的绘图功能绘制一面标准的五星红旗，最终效果如图 6.6.1 所示。

图 6.6.1 最终效果图

操作步骤

（1）选择 插入(I) → 图片(P) ▶ 自选图形(A) 命令，打开 "自选图形" 工具栏，如图 6.6.2 所示。

图 6.6.2　"自选图形"工具栏

（2）单击"基本形状" → "矩形"按钮 ，按住鼠标左键并拖动画出一矩形，在矩形上双击鼠标左键，弹出 设置自选图形格式 对话框。在 大小 选项卡中设置"高度"为 10 厘米，"宽度"为 15 厘米，如图 6.6.3 所示。

（3）打开 颜色与线条 选项卡，在"填充"和"线条"下拉列表中设置"填充"颜色和"线条"颜色都为红色。

（4）打开 版式 选项卡，单击 高级(A)... 按钮，弹出 高级版式 对话框，把图片在画布上的"水平"和"垂直"位置都设为 0 厘米，如图 6.6.4 所示。

图 6.6.3　设置图形大小

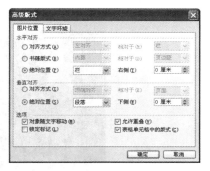

图 6.6.4　"高级版式"对话框

（5）设置完成后，单击 确定 按钮，效果如图 6.6.5 所示。

（6）在"自选图形"工具栏中单击"星与旗帜" → "五角星"按钮 ，在画好的旗面上按住鼠标左键并拖动画出 1 颗五角星，如图 6.6.6 所示。

图 6.6.5　绘制的旗面

图 6.6.6　绘制一颗星

（7）双击绘制的五角星，弹出 设置自选图形格式 对话框。在 大小 选项卡中设置"高度"和"宽度"均为 3 厘米；在 颜色与线条 选项卡中，设置"填充"颜色和"线条"颜色均为黄色；在 版式 选项卡中，把"水平"和"垂直"位置都设为 2 厘米，单击 确定 按钮，效果如图 6.6.7 所示。

（8）右键单击大五角星，从弹出的快捷菜单中选择 复制(C) 命令，在旗面空白地方再单击鼠标右键，从弹出的快捷菜单中选择 粘贴(P) 命令，在旗面上复制出四个大五角。

（9）重复步骤（7）的操作，将复制出的大五角星"高度"和"宽度"均设置为 1 厘米，调整四颗小星到合适的位置，效果如图 6.6.8 所示。

图 6.6.7　绘制好的大五角星　　　　　　　　　　　　　图 6.6.8　复制出的五角星

（10）用鼠标单击其中的一个小五角星，拖动绿色手柄，可将其旋转一定的角度。以同样的方法，调整其他三颗星的角度，效果如图 6.6.9 所示。

图 6.6.9　旋转图形

（11）按住一个"Ctrl"键，再分别单击大小 5 颗五角星和红色旗面，单击鼠标右键，从弹出的快捷菜单中选择 命令，把它们组合成一个整体，最终效果如图 6.6.1 所示。

本 章 小 结

本章主要介绍了图形绘制、插入图片和剪贴画、插入艺术字、插入文本框、插入图示等内容。通过本章的学习，用户可以对文档进行特殊编排，让文档变得图文并茂且条理清晰、通俗易懂。

实 训 练 习

一、填空题

1．绘制和编辑图形只可在＿＿＿＿＿＿视图下进行。

2．自选图形是一组＿＿＿＿＿＿，它包括＿＿＿＿＿＿、＿＿＿＿＿＿、矩形和平行四边形等一些基本形状、箭头总汇、流程图符号、星与旗帜和标注等。

3．如果要绘制的图形的高度与宽度成一定的比例，拖动鼠标时按住＿＿＿＿＿键。

4．单击插入到文档中的艺术字，其周围会出现＿＿＿＿＿个控制点，表示已选定该艺术字。

5．图文混排是指将＿＿＿＿＿和＿＿＿＿＿混合在一起，组成一篇完美的文档。

二、选择题

1．使用 Word 中的"矩形"或"椭圆"绘图工具按钮绘制正方形或圆形时，应在拖曳鼠标的同时按（　　）键。

    A．Tab   B．Alt

    C．Shift   D．Ctrl

2．在 Word 2003 中，下列关于艺术字的说法正确的是（　　）。

    A．艺术字是特殊的图片

    B．艺术字是普通字符

    C．可以将普通文字转换为艺术字

    D．可以任意旋转艺术字

3．在 Word 中，（　　）是将文字、表格、图形精确定位的有利工具。

    A．文本框   B．自选图形

    C．艺术字   D．公式编辑器

二、简答题

1．在文档中插入图片的具体操作步骤是什么？

2．如何设置图片的阴影效果和三维效果？

3．在文档中插入艺术字的具体操作步骤是什么？

4．在文档中插入文本框的具体方法是什么？

5．什么是文本框的链接？

6．断开文本框的链接与删除文本框的链接有什么区别？

三、上机操作题

1．在文档中绘制两个文本框，在其中输入文本并设置文本框链接。

2．建立如题图 6.1 所示的文档，要求插入艺术字和剪贴画，并以"路.doc"为文件名保存在"我的文档"文件夹中。

题图　6.1

提示：插入的图片为 Word 自带的剪贴画，塔在"建筑物"组中，船在"运动"组中。

3. 绘制如题图 6.2 所示的"娃娃的脸",并保存在"我的文档"文件夹中。

题图 6.2

4. 制作如题图 6.3 所示的卷轴。

题图 6.3

第 7 章 样式和模板

使用样式可以使一篇文档有一个统一的风格，这样在编辑大量具有相同样式的文档时，就可以利用 Word 2003 中的模板，直接进入设置好的模板编辑文档。本章将介绍这些内容，其中主要介绍如何应用样式和模板等。

知识要点

⊙ 样式的应用
⊙ 模板的应用

7.1 样式的应用

样式就是一系列预置的排版格式，它不仅包括对字符的修饰，而且包括对段落的修饰。从大的方面来说，样式可以分为字符样式和段落样式两种。字符样式应用于字符；而段落样式应用于段落。段落样式用于控制段落外观，如文本对齐、制表位、边框等；而字符样式用于控制选定文字的字体、字号、加粗等格式设置。另外，在 Word 2003 系统提供的内置样式永远不能被删除。例如新建一个文档时，若不使用模板，则 Word 默认为 Normal 模板。

7.1.1 创建样式

创建新样式包括创建字符样式和创建段落样式两种。

1. 创建字符样式

字符样式包括字体、字号等。如果要创建字符样式，可以按照以下操作步骤进行：
（1）选定要创建字符样式的文档内容。
（2）选择 格式(O) → 44 样式和格式(S)... 命令，打开 样式和格式 ▼ 任务窗格，如图 7.1.1 所示。

图 7.1.1 "样式和格式"任务窗格

（3）在"所选文字的格式"选项区域中单击 新样式... 按钮，弹出 新建样式 对话框，如图 7.1.2 所示。

（4）在"属性"选项区域中的"名称"文本框中输入样式名，单击"样式类型"右侧的下拉按钮 ，在弹出的下拉列表中选择"字符"选项。

（5）单击 格式(O)▼ 按钮，弹出如图 7.1.3 所示的下拉菜单，在该下拉菜单中选择相应的命令来设置其字体、段落、制表位、边框、编号和快捷键等。

图 7.1.2 "新建样式"对话框   图 7.1.3 "格式"下拉菜单

提示：为添加的样式设置快捷键可以方便用户的操作，使本来用鼠标完成的工作，直接利用键盘就可以完成。

（6）设置完成后，返回到 新建样式 对话框，选中 ☑添加到模板(A) 复选框。

（7）单击 确定 按钮，即可添加新样式。

2．创建段落样式

因为字符样式只是应用于字符，所以不能对它的段落、制表位和编号等进行设置。而应用段落样式时，它不再是针对一些文字，而是针对整个段落。其设置方法和创建字符样式大致相同，唯一不同的是，在 新建样式 对话框中的"样式类型"下拉列表中选择"段落"选项。

7.1.2 修改样式

样式在第一次创建完成后，往往需要经过第二次的修改才能满足用户的需求，修改样式的具体操作步骤如下：

（1）首先选中要修改的样式。

（2）打开 样式和格式 ▼ 任务窗格，把鼠标定位在"所选文字的格式"选项区域中，单击右侧的下拉按钮 ，弹出如图 7.1.4 所示的下拉菜单。

图 7.1.4 "所选文字的格式"下拉菜单

（3）选择 修改(M)... 命令，弹出 修改样式 对话框，如图 7.1.5 所示。

图 7.1.5 "修改样式"对话框

（4）在该对话框中可以用新建样式时使用的方法来进行样式的修改。

（5）设置完成后，单击 确定 按钮，即可修改样式。

7.1.3 删除样式

如果用户以后不再使用某个样式，可以将其从文档中删除，其具体操作步骤如下：

（1）选择 格式(O) → 样式和格式(S)... 命令，打开 样式和格式 任务窗格，把鼠标定位在"请选择要应用的格式"列表框中要删除的样式旁边。

（2）单击右侧的下拉按钮，弹出如图 7.1.6 所示的下拉菜单。

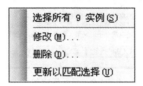

图 7.1.6 "请选择要应用的格式"下拉菜单

（3）选择 删除(D)... 命令，弹出 Microsoft Office Word 提示框，如图 7.1.7 所示。

图 7.1.7 "Microsoft Office Word"提示框

（4）单击 是(Y) 按钮即可删除该样式。

7.1.4 显示样式

在应用样式之后，还可以在当前窗口中显示所应用的样式，其具体操作步骤如下：

（1）选择 视图(V) → 普通(N) 命令，进入普通视图。

（2）选择 工具(T) → 选项(O)... 命令，弹出**选项**对话框，打开 视图 选项卡，如图 7.1.8 所示。

图 7.1.8 "视图"选项卡

（3）在"大纲视图和普通视图选项"选项区域中的"样式区宽度"微调框中输入"3 厘米"。

（4）单击 确定 按钮，显示样式效果如图 7.1.9 所示。

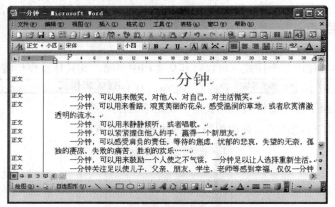

图 7.1.9 显示样式效果

7.2 模板的应用

任何 Microsoft Word 文档都是以模板为基础的。模板决定文档的基本结构和文档设置，例如，自动图文集词条、字体、快捷键指定方案、宏、菜单、页面设置、特殊格式和样式等。

7.2.1 模板的类型

在 Word 2003 中，模板包括共用模板和文档模板，其中共用模板包括 Normal 模板，所含设置适用于所有文档；文档模板所含设置仅适用于以该模板为基础的文档。

1. 共用模板

在处理文档时，通常情况下只能使用保存在文档附加模板或 Normal 模板中的设置。要使用保存在其他模板中的设置，可将其他模板作为共用模板加载。加载模板后，以后运行 Word 时都可以使用保存在该模板中的内容。

2．文档模板

文档模板保存在"Templates"文件夹中，如果要在已有的模板中创建自定义的选项卡，可在"Templates"文件夹中创建新的子文件夹，然后将模板保存在该子文件夹中。这个子文件夹的名字将出现在新的选项卡上。在保存模板时，Word 会切换到"用户模板"位置（选择 工具(T) → 选项(O)... 命令，打开 文件位置 选项卡，在该选项卡上进行设置），默认位置为"Templates"文件夹及其子文件夹。如果将模板保存在其他位置，该模板将不在原有模板中出现。

7.2.2　创建模板

用户可以自己创建合适的模板，以满足某些需求，方便操作。

如果要新建一个模板，可以按照以下操作步骤进行：

（1）选择 文件(F) → 新建(N)... 命令，打开 新建文档 ▼ 任务窗格，如图 7.2.1 所示。

图 7.2.1　"新建文档"任务窗格

（2）在"模板"选项区域中单击 本机上的模板... 超链接，弹出 模板 对话框，如图 7.2.2 所示。

图 7.2.2　"模板"对话框

（3）在 模板 对话框中的各个选项卡中选择相应的模板，Word 2003 提供的模板类型有信函、传真、备忘录和报告等。选定后单击 确定 按钮，即可新建一个模板，效果如图 7.2.3 所示。

图 7.2.3　建立的新模板

（4）模板创建完成后，用户还可以根据需要在新建的模板中添加其他的设置，其中包括文本和图形等内容。

（5）创建完成后，选择 文件(F) → 另存为(A)... 命令，弹出 另存为 对话框，如图 7.2.4 所示。

图 7.2.4　"另存为"对话框

（6）在"保存位置"下拉列表中默认的模板保存位置为"Microsoft\Templates"，在"保存类型"下拉列表中选择"文档模板"选项，在"文件名"文本框中输入保存的文件名。

（7）单击 保存(S) 按钮即可新建一个模板。

7.2.3　修改模板

如果要修改模板，则会影响根据该模板创建的新文档。更改模板后，并不影响基于此模板的原有文档内容。修改模板的具体操作步骤如下：

（1）选择 文件(F) → 打开(O)... Ctrl+O 命令，弹出 打开 对话框，如图 7.2.5 所示。

图 7.2.5　"打开"对话框

（2）在"文件类型"下拉列表中选择"文档模板"选项。

（3）单击 打开(O) 按钮，即可打开一个已存在的文档模板。

（4）更改模板中的文本和图形、样式、格式、宏、自动图文集词条、工具栏、菜单设置和快捷键等。

（5）选择 文件(F) → 保存(S)　Ctrl+S 命令，即可保存更改后的模板。

7.2.4　加载、卸载共用模板或加载程序

如果用户需应用其他模板的样式，这时就可以为文档选用其他文档的模板，可以节省许多设置样式和格式的时间。

1．加载共用模板或加载项

如果要加载共用模板或加载项，可以按照以下操作步骤进行：

（1）选择 工具(T) → 模板和加载项(I)... 命令，弹出 模板和加载项 对话框，如图 7.2.6 所示。

图 7.2.6　"模板和加载项"对话框

（2）打开 模板 选项卡，在"文档模板"选项区域中单击 选用(A)... 按钮，弹出 选用模板 对话框，如图 7.2.7 所示。

图 7.2.7　"选用模板"对话框

（3）在"查找范围"下拉列表中选择所使用的模板，单击 打开(O) 按钮，返回到 模板和加载项 对话框。

（4）在"共用模板及加载项"选项区域中单击 添加(D)... 按钮，在弹出的 添加模板 对话框中选择包含所需模板或加载项的文件夹。

（5）单击 确定 按钮，即可加载该共用模板或加载项。

2．卸载共用模板或加载项

在加载完成共用模板或加载项之后，还可以卸载该共用模板或加载项，其具体操作步骤如下：

（1）选择 工具(T) → 模板和加载项(T)... 命令，弹出 模板和加载项 对话框，打开 模板 选项卡。

（2）若要卸载一个模板或加载项，但仍将其保留在"共用模板及加载项"选项区域中，则可以直接取消选中该项名称旁边的复选框。

（3）若要卸载一个模板或加载项并将其从"共用模板及加载项"选项区域中删除，则可在该选项区域中选中此复选框，单击 删除(R) 按钮即可。

7.3　应用实例——制作文档模板

本例制作文档模板，以巩固本章所学的内容。

操作步骤

（1）单击"常用"工具栏中的"新建空白文档"按钮 ，新建一个空白文档。

（2）选择 视图(V) → 页眉和页脚(H) 命令，使页眉和页脚处于编辑状态，同时打开"页眉和页脚"工具栏，如图 7.3.1 所示。

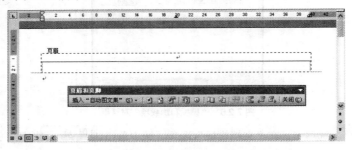

图 7.3.1　编辑页眉和页脚

（3）在页眉中输入文字"文档模板"。

（4）单击"页眉和页脚"工具栏中的"插入页码"按钮 ，把鼠标定位在页脚处，则可以在页脚处插入页码，如图 7.3.2 所示。

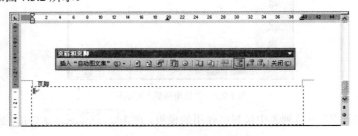

图 7.3.2　在页脚处插入页码

（5）单击"页眉和页脚"工具栏中的 关闭(C) 按钮，退出页眉和页脚编辑状态。

（6）选择 插入(I) → 图片(P) ▶ 来自文件(F)... 命令，弹出 插入图片 对话框，如图 7.3.3 所示。

图 7.3.3 "插入图片"对话框

（7）选择所需的图片，单击 插入(S) 按钮。

（8）调整图片的大小和页面的大小一致，效果如图 7.3.4 所示。

图 7.3.4 调整图片大小

（9）选择 文件(F) → 另存为(A)... 命令，弹出 另存为 对话框，在"保存类型"下拉列表中选择"文档模板"选项，在"文件名"文本框中输入文件名为"我的模板"。

（10）单击 保存(S) 按钮，则此模板将保存在默认的模板文件夹下。

本 章 小 结

本章主要介绍了样式和模板的使用。通过本章的学习，用户可以轻松完成文档的格式编排，从而节省排版的时间，并且还能够确保同级文字格式的一致性。

实 训 练 习

一、填空题

1. 样式就是一系列预置的排版格式，它不仅包括对_____的修饰，而且包括对_____的修饰。

2. 在 Word 2003 中的模板包括_____和_____。

二、选择题

1. 在 Word 2003 中，有关样式的说法正确的是（   ）。

　　A．样式就是应用于文档中的文本、表格和列表的一套格式特征

　　B．使用样式能够提高文档的编辑排版效率

　　C．样式能够自动录入文字

　　D．样式一经生成不能修改

2. 使用（   ）可以对文档的每一级标题设置不同的字体、字号、对齐和缩进等格式。

　　A．样式　　　　　　　　　　　　　B．项目符号和编号

　　C．段落　　　　　　　　　　　　　D．全错

3. Word 2003 的文档都是以模板为基础的，模板决定文档的基本结构和文档设置。在 Word 2003 中，将（   ）模板默认设定为所有文档的共用模板。

　　A．Normal　　　　　　　　　　　　B．Web 页

　　C．电子邮件正文　　　　　　　　　D．信函和传真

三、简答题

1. 如何建立样式和模板？

2. 字符样式和段落样式有什么区别？

四、上机操作题

1. 录入一篇文档，在该文档中进行以下操作：

新建一个样式，要求字体为"宋体""6 磅"，段落首行缩进 2 个字符，段间距为"1.5 倍行距"，对齐方式为"居中对齐"。样式名称为"样式 8"，快捷键设为"Alt+1"。新建样式 9，字体为"华文新魏"，段落对齐方式为"居中"，段间距为"多倍行距"，快捷键为"Alt+5"。再选中新创建的样式 9，将字号改为"小 4 号"；字体改为"隶书""初号"。

2. 练习创建一个英文简历型的模板。

第 8 章　文档的高级应用

前文所介绍的 Word 内容，对于编辑文档来说已经足够。使用 Word 不仅可以编辑文档、使用样式和模板，还可处理日常工作事务。本章主要介绍 Word 文档的高级应用，如宏的应用、目录的创建、公式的创建、域的使用及邮件的合并等操作。

知识要点

- 宏的应用
- 目录
- 公式
- 域的使用
- 邮件合并
- 脚注和尾注

8.1　宏　的　应　用

使用宏可以加速日常编辑和格式的设置，组合多个命令。例如：插入指定行数和列数及指定尺寸的表格，使对话框中的选项更易于访问，自动执行一系列复杂的任务。本节主要介绍宏的概念，宏的录制、编辑及运行。

8.1.1　宏的概念

如果在 Word 中反复执行某项任务，如在文档的多个位置输入相同的内容和格式文本，这时可以使用宏自动执行该任务。宏是一系列 Word 命令和指令组合在一起形成的一个单独的命令，以实现任务执行的自动化。

8.1.2　宏的录制、编辑及运行

创建宏的最简单的方法就是录制宏。Word 提供了两种创建宏的方法：宏录制器和 Visual Basic 编辑器。对于初学者来说，使用宏录制器创建宏是最简单的方法。

1．宏的录制

使用宏录制器录制宏的具体操作步骤如下：

（1）选择 工具(T) → 宏(M) ▶ → ● 录制新宏(R)… 命令，弹出如图 8.1.1 所示的 录制宏 对话框。

（2）在"宏名"文本框中输入新的宏的名称。

（3）在"将宏保存在"下拉列表中选择宏保存的文档或模板。

（4）在"说明"文本框中，输入对宏的说明。

（5）如果不将宏指定到工具栏、菜单或快捷键中，只须单击 确定 按钮即可录制宏。

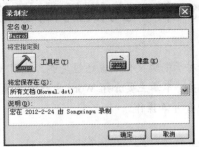

图 8.1.1　"录制宏"对话框

如果要将宏指定为快捷键，其具体操作步骤如下：

1）单击 录制宏 对话框中"将宏指定到"选项组中的"键盘"按钮，弹出如图 8.1.2 所示的 自定义键盘 对话框。

图 8.1.2　"自定义键盘"对话框

2）在"命令"列表框中选择正在录制的宏。

3）在"请按新快捷键"文本框中输入新的快捷键，然后单击 指定(A) 按钮。

4）单击 关闭 按钮，开始录制宏，同时打开"录制宏"工具栏，要停止录制宏，单击"录制宏"工具栏上的"停止录制"按钮即可。

注意：录制宏时，可以使用鼠标选择命令和选项，但不能选择文本，需要使用键盘记录这些操作。如果为一个新的宏指定与现有 Word 内置命令相同的名称，新的宏操作将代替现有的操作。

2．宏的编辑

宏的编辑可以在 Visual Basic 编辑器中完成。在 Visual Basic 编辑器中打开宏可以更正、删除不必要的步骤，重命名或复制单个宏，或添加无法在 Word 中录制的指令。

利用 Visual Basic 编辑器编辑宏的具体操作步骤如下：

（1）选择 工具(T) ▸ 宏(M) ▸ 宏(M)... Alt+F8 命令，弹出如图 8.1.3 所示的 宏 对话框。

（2）在"宏名"列表框中选择要编辑的宏。

（3）如果列表中没有要编辑的宏，在"宏的位置"下拉列表中选择其他的文档、模板或列表。

图 8.1.3　"宏"对话框

（4）单击 [编辑(E)] 按钮，打开如图 8.1.4 所示"Visual Basic 编辑器"窗口。在该窗口中对宏进行编辑、修改和调试。

图 8.1.4　"Visual Basic 编辑器"窗口

（5）编辑完成后，单击"关闭"按钮 [X]，或选择 [文件(F)] → [关闭并返回到 Microsoft Word(C)　Alt+Q] 命令，返回到 Word 文档。

3．宏的运行

编辑好录制完的宏就可运行宏了。运行宏的具体操作步骤如下：

（1）选择 [工具(T)] → [宏(M) ▶] → [宏(M)…　Alt+F8] 命令，弹出宏对话框。

（2）在"宏名"列表框中选择要运行的宏。

（3）如果列表中没有要运行的宏，可以在"宏的位置"下拉列表中选择其他文档、模板或列表。

（4）单击 [运行(R)] 按钮即可运行宏。

如果将宏指定为快捷键，运行宏时只须按指定的快捷键即可。

4．宏的安全性

宏在运行时可能含有病毒，因此在运行宏时需要注意宏的安全性，如使用数字签名、维护可靠发行商的列表等。

要设置宏的安全性，其具体操作步骤如下：

（1）选择 [工具(T)] → [宏(M) ▶] → [安全性(S)…] 命令，弹出安全性对话框。

（2）打开 安全级(S) 选项卡，选中 高。只允许运行可靠来源签署的宏，未经签署的宏会自动取消(H)。 单选按钮，将宏的安全级别设置为"高"。

（3）打开 可靠发行商(T) 选项卡，取消选中 □ 信任所有安装的加载项和模板(A) 复选框。

（4）单击 确定 按钮即可。

8.2　目　录

Word 2003 提供了目录和索引功能，利用目录可以快速找到需要阅读的文档。本节主要介绍怎样创建目录、创建图表目录和创建引文目录，以方便用户查阅信息。

8.2.1　创建目录

创建目录最简单的方法是使用 Word 内置的大纲级别格式或标题样式。如果使用了大纲级别或内置标题样式，创建目录的具体操作步骤如下：

（1）将光标置于要插入目录的位置。

（2）选择 插入(I) → 引用(N) ▶ → 索引和目录(D)... 命令，弹出 索引和目录 对话框，打开 目录(C) 选项卡，如图 8.2.1 所示。

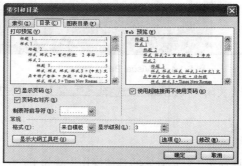

图 8.2.1　"索引和目录"对话框

（3）在"制表符前导符"下拉列表中选择一种文档标题和页码之间的前导符类型。

（4）在"常规"选项区域中的"格式"下拉列表中选择一种目录样式。在"显示级别"微调框中根据需要选择目录中要显示的大纲级别数或标题级别。

（5）单击 确定 按钮即可插入目录，如图 8.2.2 所示。

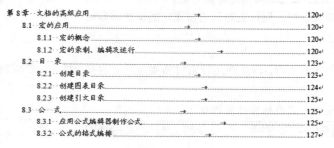

图 8.2.2　插入的目录

8.2.2　创建图表目录

图表目录是指文档中的图片、图表、图形、幻灯片或其他说明图示的标题及其所在页码的列表。
使用自定义样式在文档中插入图表目录的具体操作步骤如下：

（1）将光标置于要插入图表目录的位置。

（2）选择 插入(I) → 引用(N) ► → 索引和目录(D)... 命令，弹出 索引和目录 对话框。

（3）在该对话框中打开 图表目录(F) 选项卡，如图 8.2.3 所示。

（4）单击 选项(O)... 按钮，弹出如图 8.2.4 所示的 图表目录选项 对话框，在该对话框中选中 ☑样式(S) 复选框，在"样式"下拉列表中选择一种样式。

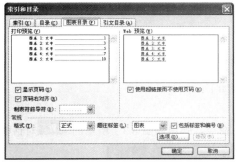

图 8.2.3　"图表目录"选项卡

图 8.2.4　"图表目录选项"对话框

（5）单击 确定 按钮，返回到 索引和目录 对话框中。

（6）在"常规"选项区域中的"格式"下拉列表中选择图表目录的格式。

（7）单击 确定 按钮，即可在文档中插入图表目录。

8.2.3　创建引文目录

引文目录是法律文档中的引用内容，例如案例、法规和规章的引用，及其所在页码的列表。
创建引文目录的具体操作步骤如下：

（1）标记引文，并添加到引文目录。

（2）将光标置于要插入引文目录的位置。

（3）选择 插入(I) → 引用(N) ► → 索引和目录(D)... 命令，弹出 索引和目录 对话框，
打开 引文目录(A) 选项卡，如图 8.2.5 所示。

图 8.2.5　"引文目录"选项卡

（4）在"类别"列表框中选择要包含在引文目录中的类别。

（5）根据需要选择其他的选项，单击 确定 按钮，即可创建引文目录。

8.3 公 式

在日常工作中，有的 Word 文档需要输入大量的公式，这时就可利用 Word 2003 中提供的强大的公式编辑器，来帮助用户完成各种公式的制作。

8.3.1 应用公式编辑器制作公式

利用公式编辑器，可以制作各种公式，如

$$\tan x = \frac{\sin x}{\cos x}$$

应用公式编辑器制作该公式的具体操作步骤如下：

（1）将光标置于文档中要插入公式的位置。

（2）选择 插入(I) → 对象(O)... 命令，弹出如图 8.3.1 所示的 对象 对话框。

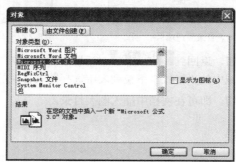

图 8.3.1 "对象"对话框

（3）在"对象类型"列表框中选择"Microsoft 公式 3.0"选项，单击 确定 按钮，打开"公式编辑器"窗口，同时打开"公式"工具栏，如图 8.3.2 所示。在"公式编辑器"窗口中光标闪动处为公式编辑框，在公式编辑框中可以输入各种公式。

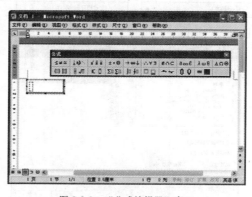

图 8.3.2 "公式编辑器"窗口

（4）先在公式编辑框中输入"$\tan x =$"，然后单击"公式"工具栏上的"分式和根式模板"按钮 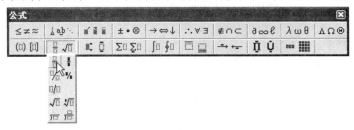，弹出其下拉列表，在弹出的下拉列表中选择一种模板样式，如图 8.3.3 所示。

图 8.3.3　"分式和根式"下拉列表

（5）在公式编辑框中的分母上输入"$\dfrac{\quad}{\cos x}$"，分子上输入"$\dfrac{\sin x}{\quad}$"，结果为"$\dfrac{\sin x}{\cos x}$"。

（6）输入完公式后，单击公式编辑器窗口外的任意位置，即可返回 Word 文档。

8.3.2　公式的格式编排

在公式编辑框中除了可以输入公式外，还可以对公式进行格式编排，如调整各字符的大小、调整公式各元素之间的距离及改变公式的样式等操作。

1. 在公式编辑器中调整字符的大小

利用公式编辑器可以调整字符的大小，其具体操作步骤如下：

（1）双击要编辑的公式，打开公式编辑器。

（2）选择 尺寸(Z) → 定义(D)... 命令，弹出如图 8.3.4 所示的 尺寸 对话框。

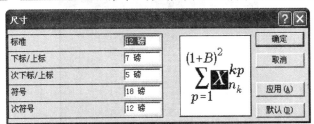

图 8.3.4　"尺寸"对话框

（3）在该对话框中根据需要调整各字符的大小，如图 8.3.5 所示。

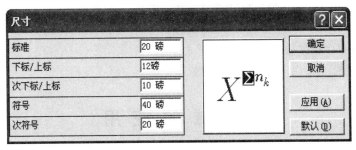

图 8.3.5　在"尺寸"对话框调整字符大小

（4）单击 确定 按钮，公式各字符的大小变为：

$$\tan x = \frac{\sin x}{\cos x}$$

2．公式的间距微调

利用公式编辑器还可以调整公式各字符之间的距离，其具体操作步骤如下：

（1）双击要编辑的公式，打开公式编辑器。

（2）选择 格式(T) → 间距(S)... 命令，弹出如图 8.3.6 所示的 间距 对话框。

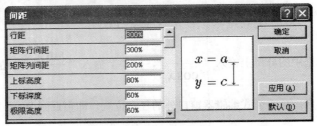

图 8.3.6 "间距"对话框

（3）在该对话框中根据需要调整各字符之间的"行距""矩阵行间距"等，公式中各字符之间的距离即发生了改变。

3．改变公式的样式

利用公式编辑器还可以改变公式的样式，其具体操作步骤如下：

（1）双击要编辑的公式，打开公式编辑器。

（2）选择 样式(S) → 定义(T)... 命令，弹出如图 8.3.7 所示的 样式 对话框。

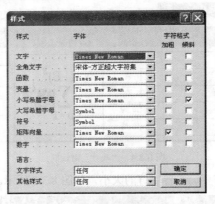

图 8.3.7 "样式"对话框

（3）在该对话框中根据需要改变公式的样式。

（4）单击 确定 按钮，样式即发生改变。

8.4 域的使用

使用域可以实现许多复杂的功能，如前面介绍的自动创建目录、图表目录和创建数学公式等。本节主要介绍插入域、更新域和锁定域等操作。

域在文档中有两种表现形式：域代码和域结果。域代码就是代表域的符号，它包含域符号、域类型和域指令。按"Ctrl+F9"组合键，就可以插入域符号，而域结果就是由域代码编译运算后得到的结果。

8.4.1　插入域

利用菜单命令插入域的具体操作步骤如下：

（1）将光标置于文档中要插入域的位置。

（2）选择 插入(I) → 域(F)... 命令，弹出如图 8.4.1 所示的 域 对话框。

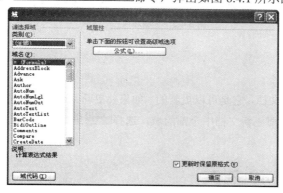

图 8.4.1　"域"对话框

在该对话框中列出了 Word 提供的所有类型的域，选择一种域，对话框就会显示该域的属性及选项。单击 公式(L)... 按钮，弹出 公式 对话框，用户可以自己编辑域代码。

（3）在"类别"下拉列表中选择一种域类别，例如"日期和时间"，如图 8.4.2 所示。

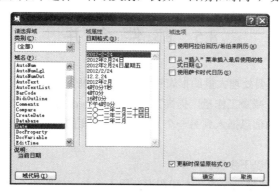

图 8.4.2　插入日期和时间域

（4）在"域名"列表框中选择一种域名。

（5）单击 域代码(I) 按钮，再单击 选项(O)... 按钮，弹出如图 8.4.3 所示的 域选项 对话框。

（6）在该对话框中打开任意选项卡，如 通用开关(G) 选项卡，在"日期/时间"列表框中选择一种开关类型，单击 添加到域(A) 按钮后，单击 确定 按钮，即可为域代码添加开关或其他选项。

（7）单击 确定 按钮，即可在文档中看到域结果。

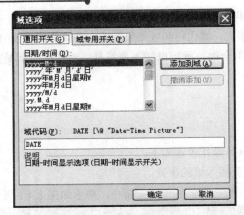

图 8.4.3 "域选项" 对话框

8.4.2 更新域

域的内容不同于其他文档，它是可以更新的。如果要更新某个域，首先选中域或域结果，然后按 "F9" 功能键即可；如果要更新文档中全部的域，选择 编辑(E) ➝ 全选(L)　　Ctrl+A 命令，然后按 "F9" 功能键即可。

8.4.3 锁定域和解除域锁定

如果不希望域结果随着文档的更新而更新，就要锁定域。要锁定域，首先选中该域，然后按 "Ctrl+F11" 组合键即可。如果要解除域锁定以便于更新域结果，首先选中该域，然后按 "Ctrl+Shift+F11" 组合键即可。

8.5 邮件合并

在日常工作中，有时需要处理大量的报表和信件。这些报表和信件的主要内容是基本相同的，只是具体数据有所变化。为了减少工作量，提高工作效率，Word 为用户提供了邮件合并功能。所谓邮件合并是指将一个文件中的信息插入到另一个文件中，将可变的数据与一个标准文档相结合，从而创建另外一个新文档的过程。

邮件合并过程需要执行以下步骤：

（1）设置主文档。主文档包含的文本和图形会用于合并文档的所有副本。例如，套用信函中的寄信人地址或称呼语。

（2）将文档链接到数据源。数据源是一个文件，它包含要合并到文档的信息。例如，信函收件人的姓名和地址。

（3）调整收件人列表或项列表。Word 2003 为数据文件中的每一项（或记录）生成主文档的一个副本。如果数据文件为邮寄列表，这些项可能就是收件人。如果只希望为数据文件中的某些项生成副本，可以选择要包含的项（记录）。

（4）向文档添加占位符（称为邮件合并域）。执行邮件合并时，来自数据文件的信息会填充到邮件合并域中。

（5）预览并完成合并。打印整组文档之前可以预览每个文档副本。

这里主要介绍使用邮件合并创建大批文档。其具体操作步骤如下：

（1）首先要创建一个主文档和数据源，并在主文档中插入合并域，如图 8.5.1 和图 8.5.2 所示。

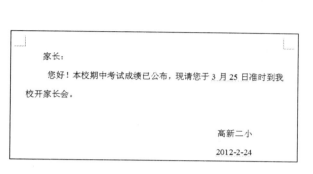

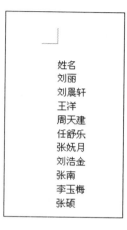

图 8.5.1 主文档

图 8.5.2 数据源文档

（2）设置主文档为当前文档。

（3）选择 工具(T) → 信函与邮件(E) ▶ 邮件合并(M)... 命令，打开如图 8.5.3 所示的 邮件合并 ▼ 任务窗格（一）。

（4）在"选择文档类型"选项区域中选中 ◉信函 单选按钮，单击 下一步：正在启动文档 超链接，打开如图 8.5.4 所示的 邮件合并 ▼ 任务窗格（二）。

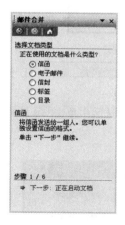

图 8.5.3 "邮件合并"任务窗格（一）

图 8.5.4 "邮件合并"任务窗格（二）

（5）在"选择开始文档"选项区域中选中 ◉使用当前文档 单选按钮，单击 下一步：选取收件人 超链接，打开如图 8.5.5 所示的 邮件合并 ▼ 任务窗格（三）。

（6）在"选择收件人"选项区域中选中 ◉使用现有列表 单选按钮，然后单击 浏览... 超链接，弹出如图 8.5.6 所示的 选取数据源 对话框。

图 8.5.5 "邮件合并"任务窗格（三）　　　　　　图 8.5.6 "选取数据源"对话框

（7）在"查找范围"下拉列表中选择数据源保存的位置，在其列表框中选择"数据源"文档，单击 打开(O) 按钮，弹出如图 8.5.7 所示的 邮件合并收件人 对话框。在该对话框中对收件人进行编辑操作。

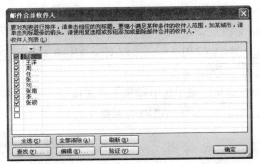

图 8.5.7 "邮件合并收件人"对话框

（8）单击 确定 按钮返回到 邮件合并 任务窗格，单击 下一步：撰写信函 按钮，弹出如图 8.5.8 所示的任务窗格（四）。

（9）将光标定位在"家长"之前，再在"撰写电子邮件"选区中单击 其他项目... 按钮，弹出 插入合并域 对话框，如图 8.5.9 所示。

图 8.5.8 "邮件合并"任务窗格（四）　　　　　图 8.5.9 "插入合并域"对话框

（10）在"域"列表中选择要插入的域，单击 插入(I) 按钮，即可在文档中插入合并域，如图8.5.10 所示。

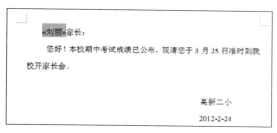

图8.5.10 插入两个合并域

（11）单击"收件人"按钮 《 和 》 选择收件人，对收件人信息进行修改并在 邮件合并 任务窗格（五）中预览信函，单击 下一步：完成合并 超链接，打开如图8.5.11 所示的 邮件合并 任务窗格（五）。

（12）单击 编辑个人信函... 超链接，弹出如图8.5.12 所示的 合并到新文档 对话框。

图8.5.11 "邮件合并"任务窗格（五）

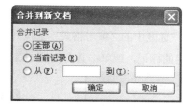

图8.5.12 "合并到新文档"对话框

（13）在"合并记录"选项组中选中 全部(A) 单选按钮，单击 确定 按钮合并文档。为了使合并效果明显，将文档内容合并到一页，如图8.5.13 所示。

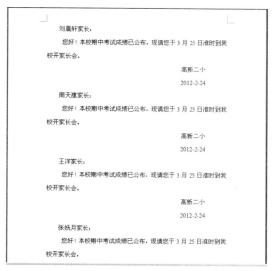

图8.5.13 合并文档

8.6 脚注和尾注

脚注和尾注是对文本的补充说明，脚注一般位于页面的底部，可以作为文档某处内容的注释；尾注一般位于文档的末尾，列出引文的出处等。

脚注和尾注由两个关联的部分组成，包括注释引用标记和其对应的注释文本。用户可以让 Word 自动为标记编号或创建自定义的标记。在添加、删除或移动自动编号的注释时，Word 将对注释引用标记重新编号。

8.6.1 插入脚注和尾注

在文档中插入脚注和尾注的具体操作步骤如下：

（1）将光标置于文档中要插入脚注和尾注的位置。

（2）选择 插入(I) → 引用(N) ▶ 脚注和尾注(G)... 命令，弹出如图 8.6.1 所示的 脚注和尾注 对话框。

（3）如果要在文档中插入脚注，则在"位置"选区中选中 ⊙ 脚注(F): 单选按钮，并在其右边的下拉列表中选择要插入的位置，在此选择"页面底端"选项。

如果要在文档中插入尾注，则在"位置"选区中选中 ⊙ 尾注(E): 单选按钮，并在其右边的下拉列表中选择要插入的位置。

（4）在"格式"选区中的"编号格式"下拉列表中选择编号格式为"连续"，在"自定义标记"文本框中输入一些特定的标记，或单击其右侧的 符号(Y)... 按钮，弹出如图 8.6.2 所示的 符号 对话框。

图 8.6.1 "脚注和尾注"对话框

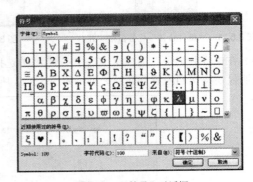

图 8.6.2 "符号"对话框

（5）在该对话框中根据需要选择一种符号作为脚注或尾注的标记，然后在"起始编号"微调框中选择脚注或尾注的起始编号；在"编号方式"下拉列表中列出了 3 种编号方式："连续""每节重新编号"和"每页重新编号"，根据需要选择一种编号方式。

（6）在"应用更改"选区中的"将更改应用于"下拉列表中选择更改应用的范围。

（7）设置完成后，单击 插入(I) 按钮，即可在文档中插入脚注或尾注。光标自动移至插入脚注或尾注的位置，在光标处输入脚注或尾注的注释内容即可，如图 8.6.3 所示。

在文档中插入脚注和尾注，还有一种比较快捷的方法，即利用键盘上的快捷键。按"Ctrl+Alt+F"快捷键，可在文档中插入脚注；按"Ctrl+Alt+D"快捷键，可在文档中插入尾注。

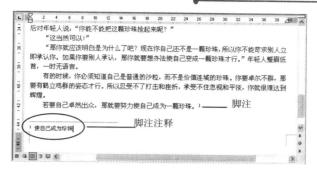

图 8.6.3　插入脚注和输入脚注注释内容

8.6.2　查看脚注和尾注

在文档中插入脚注和尾注后，如果要查看脚注或尾注的注释内容，只须将光标移至脚注或尾注标记上即可，如图 8.6.4 所示。

如果文档中没有显示脚注文本内容，要使其在文档中显示，具体操作步骤如下：

（1）选择 工具(T) → 选项(O)… 命令，弹出 选项 对话框，打开 视图 选项卡，如图 8.6.5 所示。

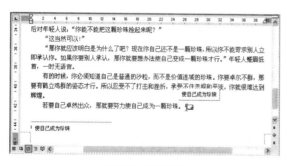

图 8.6.4　查看脚注

图 8.6.5　"视图"选项卡

（2）在"显示"选区中选中 ☑ 屏幕提示(Q) 复选框。

（3）单击 确定 按钮即可。

提示：用户也可以双击注释引用标记，将焦点直接移到注释区，用户即可查看该注释。

8.6.3　修改脚注和尾注

注释包含两个相关联的部分：注释应用标记和注释文本。当用户要移动或复制注释时，可以对文档窗口中的引用标记进行相应的操作。如果移动或复制了自动编号的注释引用标记，Word 还将按照新顺序对注释重新编号。

如果要移动或复制某个注释，可以按下面的步骤进行：

（1）在文档窗口中选定注释应用标记。

（2）按住鼠标左键不放将引用标记拖动到文档中的新位置，即可移动该注释。

（3）如果在拖动鼠标的过程中按住"Ctrl"键不放，即可将引用标记复制到新位置，然后在注释区中插入新的注释文本。当然，也可以利用复制、粘贴的命令来实现复制引用标记。

如果要删除某个注释，可以在文档中选定相应的注释引用标记，然后直接按"Del"键，Word 会自动删除对应的注释文本，并对文档后面的注释重新编号。

如果要删除所有的自动编号的脚注和尾注，可以按照下述方法进行而不用逐个删除。

（1）按"Ctrl+H"键，会弹出 查找和替换 对话框并会自动打开 替换(P) 选项卡。

（2）单击 高级 ∓ (M) 按钮，然后单击 特殊字符(E) ▼ 按钮，出现"特殊字符"列表，如图 8.6.6 所示。

图 8.6.6 "特殊字符"列表

（3）选择 脚注标记(F) 或者 尾注标记(E) 命令。

（4）不要在"替换为"后面的文本框中输入任何内容，然后单击 全部替换(A) 按钮即可。

8.7 应用实例——制作公式

本例制作一个数学公式，使用户可熟练使用公式编辑器制作公式，最终效果如图 8.7.1 所示。

$$c = \sqrt{a^2 + b^2}$$

图 8.7.1 制作公式最终效果图

操作步骤

（1）将光标置于文档中要插入公式的位置。

（2）选择 插入(I) → 对象(O)... 命令，弹出如图 8.7.2 所示的 对象 对话框。

（3）在"对象类型"列表框中选择"Microsoft 公式 3.0"选项，单击 确定 按钮，打开"公式编辑器"窗口，同时打开"公式"工具栏，如图 8.7.3 所示。

（4）光标闪动处即为公式编辑框，在此即可输入公式，如输入"$c =$"，然后单击"公式"工具栏上的"上标和下标模板"按钮 ▓ ▢ ，在弹出的下拉列表中选择一种模板样式，如图 8.7.4 所示。

图 8.7.2　"对象"对话框

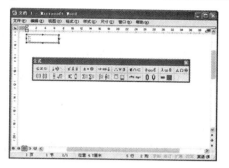

图 8.7.3　"公式编辑器"窗口

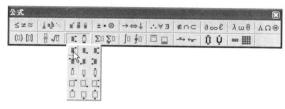

图 8.7.4　"上标和下标"下拉列表

（5）在公式编辑框中输入"$a^2 + b^2$"，然后在选中的状态下单击"公式"工具栏上的"分式和根式模板"按钮 ，在弹出的下拉列表中选择一种模板样式，如图 8.7.5 所示。

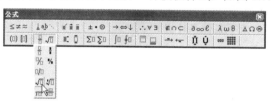

图 8.7.5　"分式和根式"下拉列表

（6）至此，公式编辑框中的公式制作完成，最终效果如图 8.7.1 所示。

本 章 小 结

本章主要介绍了 Word 的高级应用，包括宏的应用、目录的制作及修改、公式的使用、域的使用、邮件合并、脚注和尾注等内容。通过本章的学习，用户可以轻松解决在实际工作中遇到的类似问题。

实 训 练 习

一、填空题

1．宏是一系列＿＿＿＿＿组合在一起形成的一个单独的命令，以实现任务执行的自动化。

2．Word 提供了两种创建宏的方法：＿＿＿＿＿和＿＿＿＿＿。

3．图表目录是指文档中的＿＿＿＿＿、＿＿＿＿＿、＿＿＿＿＿、＿＿＿＿＿或其他说明图示的标题及其所在页码的列表。

4．在邮件合并中，_____是信函的主题部分，包括在各邮件中保持不变的文字、图形和格式，_____包含合并文档中所需的信息。

5．用户在创建目录之前，必须确保对文档的标题应用了_____。

二、选择题

1．用 Word 的目录功能建立的目录（ ）。

    A．在文档内容改变后能够进行更新操作，以适应新的内容

    B．在文档内容改变后能够自动进行更新，而不必执行任何命令

    C．在文档内容改变后必须将原来的目录删除，然后重新生成新的目录

    D．在文档内容改变后必须将原来的目录中的页码删除，然后重新生成新的目录

2．邮件合并的最后一步是（ ）。

    A．合并至新文档   B．预览信函

    C．插入合并域   D．查看数据源

三、简答题

1．如何设置宏的安全性？

2．使用自定义样式在文档中插入图表目录的具体操作步骤是什么？

3．利用公式编辑器制作公式时，如何调整公式中各字符的大小？

4．在文档中域有哪两种表现形式？

5．邮件合并必须具备的两个条件是什么？

6．怎样创建脚注和尾注？

四、上机操作题

1．利用公式编辑器制作一个公式。

2．利用邮件合并功能制作一个学校会议通知。

第 9 章　页面设置与打印输出

对在 Word 中精心排版后的文档，要使其正确的按要求打印出来，就必须正确地设置页面属性，包括纸型、页边距、版式、文档网格、页眉和页脚、页码、分页和分栏等，然后再将文档内容正确输出到纸张，这样就可得到整齐、美观的输出效果。

知识要点

- 页面设置
- 文档格式
- 打印输出

9.1　页　面　设　置

启动 Word 后，新文档对纸型、方向、页边距及其他选项使用的都是系统默认的设置。用户可根据需要随时改变这些设置。

9.1.1　纸张类型的设置

一般情况下，系统默认打印文档使用的都是标准的 A4 纸，其宽度是 210 毫米，高度是 297 毫米，页面方向为纵向。当编辑文档使用的纸型与实际纸型不一致时，往往会造成分页错误，导致在页的中间位置发生换页。

通过 页面设置 对话框可改变纸型和方向，具体操作步骤如下：

（1）选择 文件(F) ⟶ 页面设置(U)… 命令，弹出 页面设置 对话框。

（2）打开 纸张 选项卡，如图 9.1.1 所示。

图 9.1.1　"纸张"选项卡

（3）在"纸张大小"选项区域中单击纸型列表框右边的下拉按钮 ▼，从纸型列表中选择一种打印纸型，包括 Letter，A4，A5，B4，B5，16 开，32 开等标准纸型。用户要使用自定义的特殊纸型，可在"高度"和"宽度"微调框中输入自定义纸张的大小。

（4）在"纸张来源"选项区域中设置打印机的送纸方式。在"首页"列表框中为第一页选择一种送纸方式，在"其他页"列表框中为其他页设置送纸方式。

（5）在"预览"选项区域中单击"应用于"列表框右边的下拉按钮 ▼，从应用范围列表中选择当前所应用的范围。

（6）单击 确定 按钮即可。

9.1.2 页边距的设置

页边距是指文本与纸张边沿之间的距离。默认情况下，Word 中页面设置为：上下边距为 2.54 厘米，左右边距为 3.17 厘米，无装订线。有时为了增加页中文本的容量，可适当缩小页边距；为了便于装订，可以增加一个装订线。可使用对话框来设置页边距，也可使用标尺快速设置页边距。

使用对话框设置页边距的具体操作步骤如下：

（1）选择 文件(F) → 页面设置(U)... 命令，弹出 页面设置 对话框。

（2）打开 页边距 选项卡，如图 9.1.2 所示。

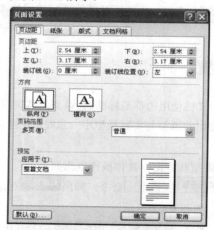

图 9.1.2 "页边距"选项卡

（3）在"页边距"选项区域的"上""下""左""右"微调框中分别输入页边距的数值，在"装订线"微调框中输入装订线的宽度值，在"装订线位置"下拉列表中选择"左"或"上"。

（4）在"方向"选项区域中选择文档在页面中的方向，包括"纵向"和"横向"。

（5）在"页码范围"选项区域中可设置各种页码范围，包括"普通""对称页边距""拼页""书籍折页"和"反向书籍折页"。

（6）在"预览"选项区域中的"应用于"下拉列表中选择要应用新页边距设置的文档范围。在"预览"选项区域的右边可看到设置页边距后文档的缩略图。

（7）单击 确定 按钮即可。

使用标尺设置页边距的具体操作步骤如下：

（1）先将文档切换到页面视图中。

（2）移动鼠标到标尺中的灰白交界处，当鼠标变为双向箭头↕时，按住鼠标左键并拖动。

（3）在拖动时，文档中出现一条虚线表示改变后的位置。

（4）拖动到所需的位置后释放鼠标即可。

 提示：如果拖动鼠标设置页边距时按住"Alt"键，将显示出文本区和页边距的量值。

9.1.3　版式的设置

Word 中提供了用来设置有关页眉、页脚、垂直对齐方式以及行号等各种特殊版式的选项。
设置版式的具体操作步骤如下：

（1）选择 文件(F) → 页面设置(U)... 命令，弹出 页面设置 对话框。

（2）打开 版式 选项卡，如图 9.1.3 所示。

图 9.1.3　"版式"选项卡

（3）在"节"选项区域中，单击"节的起始位置"列表框右边的下拉按钮，从下拉列表中选择节的起始位置，包括新建页、新建栏、偶数页、奇数页和接续本页等，常用于对文档的分节。

（4）在"页眉和页脚"选项区域中可确定页眉和页脚的显示方式。选中 奇偶页不同(O) 复选框，可使奇数页和偶数页显示不同的页眉和页脚；选中 首页不同(F) 复选框，可使首页使用不同的页眉和页脚。在"距边界"右边的"页眉"和"页脚"微调框中输入页眉和页脚距边界的数值。

（5）在"页面"选项区域中的"垂直对齐方式"下拉列表中选择一种页面垂直对齐方式：

顶端对齐：是系统默认的设置，其对齐方式为正文的第一行与上页边距对齐。

居中：是指正文在上页边距与下页边距之间居中对齐。

两端对齐：其对齐方式是增大段间距，第一行与上页边距对齐，最后一行与下页边距对齐。

底端对齐：是指正文的最后一行与下页边距对齐。

（6）在"应用于"下拉列表中指定版式的应用范围，如图 9.1.4 所示。

（7）单击 行号(N)... 按钮，弹出 行号 对话框，并选中 添加行号(L) 复选框，如图 9.1.5 所示。该对话框中各选项功能介绍如下：

起始编号：要用非 1 的数字开始编排行号，在微调框中输入或选择节中的起始行号。

距正文：是行号距正文的距离，选择"自动"选项后，Word 将对行号与正文之间的距离应用默认的设置。

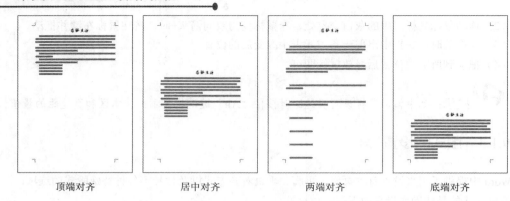

顶端对齐　　　　居中对齐　　　　两端对齐　　　　底端对齐

图 9.1.4　页面垂直对齐方式示例

图 9.1.5　"行号"对话框

行号间隔：其中输入的是要打印行号的增量，即隔多少行打印一个行号。

每页重新编号(P)：选中此单选按钮，表示每一页都从头开始编号。

每节重新编号(S)：选中此单选按钮，表示每一节都从头开始编号。

连续编号(C)：选中此单选按钮，表示整个文档使用连续的行号。

（8）行号设置完后，单击 **确定** 按钮，返回 **页面设置** 对话框。

提示：行号设置用于一些法律文书、合同、条约或手稿等重要的文档，在文档中添加行号便于引述某些内容。

（9）单击 **边框(B)...** 按钮，弹出 **边框和底纹** 对话框，此时打开的是 **页面边框(P)** 选项卡，如图 9.1.6 所示。

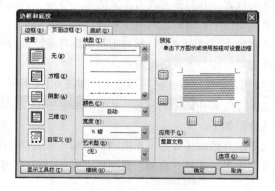

图 9.1.6　"页面边框"选项卡

（10）在该选项卡中设置完页面边框后，单击 确定 按钮，返回 页面设置 对话框。

（11）最后单击 确定 按钮，即可完成文档的版式设置。

9.1.4　文档网格的设置

在文档中，有时需要固定每行的字符数或者固定每页的行数，这就要用到文档网格的设置。其具体操作步骤如下：

（1）选择 文件(F) → 页面设置(U)... 命令，弹出 页面设置 对话框，打开 文档网格 选项卡，如图 9.1.7 所示。

（2）在"文字排列"选项区域中，可设置文档中文字排列的方向为"水平"或"垂直"，在"栏数"微调框中可输入文档的栏数。

图 9.1.7　"文档网格"选项卡

（3）在"网格"选项区域中，可为文档选择网格类型。

（4）在"字符"选项区域中的"每行"微调框中可输入行中规定的字数，并在"跨度"微调框中输入一个跨度值。

（5）在"行"选项区域中的"每页"微调框中可输入页中规定的行数，并在"跨度"微调框中输入一个跨度值。

（6）单击"预览"选项区域中的"应用于"列表框右边的下拉按钮 ，从弹出的下拉列表中选择设置应用的范围。

（7）单击 绘图网格(W)... 按钮，弹出如图 9.1.8 所示的 绘图网格 对话框。

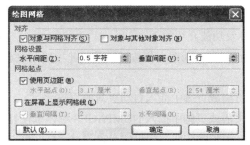

图 9.1.8　"绘图网格"对话框

（8）在"对齐"选项区域中选择一种网格对齐方式。

（9）在"网格设置"选项区域中分别输入网格的"水平"和"垂直"间距。

（10）在"网格起点"选项区域中可设置网格的精确位置，并可通过选中 ☑ 在屏幕上显示网格线(L) 复选框在屏幕上显示网格线。

（11）单击 确定 按钮，并返回 页面设置 对话框。

（12）单击 确定 按钮，即可完成文档网格的设置。

9.2 文 档 格 式

在 Word 中编辑文档，可以为文档添加页眉、页脚，还可设置文档的分页、分节和分栏。

9.2.1 设置页眉和页脚

页眉是位于打印纸顶部的一些关于文档内容的说明性信息，页脚是位于打印纸底部的说明性信息。页眉和页脚的内容可以是页码、日期、时间、域、交叉引用、文字或图形等。页眉和页脚的格式化与文档内容的格式化方法相同。

1．创建页眉和页脚

创建页眉和页脚的具体操作步骤如下：

（1）选择 视图(V) → 页眉和页脚(H) 命令，进入页眉区，并打开"页眉和页脚"工具栏，如图 9.2.1 所示。

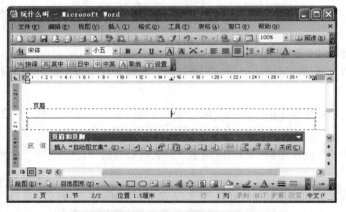

图 9.2.1 "页眉和页脚"工具栏

该工具栏中各按钮的名称及功能介绍如下：

插入"自动图文集"(S)▼ ：插入自动图文集按钮，单击此按钮，在页眉或页脚中插入自动图文集词条。

：插入页码按钮，在页眉或页脚中插入自动更新的页码。

：插入页数按钮，在页眉或页脚中插入 NUMPAGES 域，以便打印出文档的总页数。

：设置页码格式按钮，单击此按钮，弹出 页码格式 对话框，可以设置页码的格式。

：插入日期按钮，在页眉或页脚中插入当前的日期。

：插入时间按钮，在页眉或页脚中插入当前的时间。

[IMG]：页面设置按钮，单击此按钮，弹出 页面设置 对话框，可修改关于页眉和页脚的设置。

[IMG]：显示/隐藏文档文字按钮，在编辑页眉或页脚时，单击此按钮，可显示或隐藏文档的正文。

[IMG]：链接到前一个按钮，可控制当前节的页眉或页脚是否要与前一节相同。

[IMG]：在页眉和页脚间切换按钮，单击此按钮，可在页眉或页脚区之间进行切换。

[IMG]：显示前一项按钮，可将插入点移至上一页眉或页脚。

[IMG]：显示下一项按钮，可将插入点移至下一页眉或页脚。

关闭(C) 按钮，用于关闭页眉和页脚的编辑状态，恢复对文档正文的编辑。

（2）输入页眉内容，并设置页眉格式。

（3）单击"在页眉和页脚间切换"按钮 [IMG]，将光标定位到页脚区。

（4）输入页脚内容，并设置页脚格式。

（5）单击 关闭(C) 按钮，完成页眉和页脚的创建，并返回正文编辑状态。

2．编辑页眉和页脚

创建页眉和页脚后，可使用以下两种方法将插入点定位到页眉或页脚中。

（1）选择 视图(V) → 页眉和页脚(H) 命令。

（2）在页面视图中双击页眉或页脚区域。将插入点定位到页眉或页脚中后，可如同在页面上编辑文本一样编辑页眉和页脚。

3．设置不同的页眉页脚

一般情况下，在一篇文档中所有页面的页眉和页脚都是相同的，如果创建或编辑了任意页面的页眉、页脚后，当前文档所有页面上的页眉和页脚都会做相同的变化。

为文档设置不同页眉、页脚有以下两种方式：

首页不同：文档或节的第一页使用单独的页眉、页脚。

奇偶页不同：文档或节的所有奇数页的页眉、页脚相同，所有偶数页的页眉、页脚相同。

4．页眉线

默认情况下，在页眉的底部会出现一条单线，即页眉线。修改页眉线的具体操作步骤如下：

（1）选择 视图(V) → 页眉和页脚(H) 命令，进入页眉区。

（2）将插入点置于页眉区的任意位置。

（3）选择 格式(O) → 边框和底纹(B)... 命令，弹出 边框和底纹 对话框，单击 边框(B) 标签，打开 边框(B) 选项卡，如图 9.2.2 所示。

图 9.2.2　"边框"选项卡

（4）如果不想打印出页眉线，可在"设置"选项区域中选中"无"选项。

（5）要修改成其他样式的页眉线，可从"线型"列表框中选择一种线型，从"宽度"列表框中选择线的宽度。

（6）单击 确定 按钮，返回页眉区中。

（7）设置完页眉和页脚后，单击 关闭(C) 按钮即可，如图9.2.3所示。

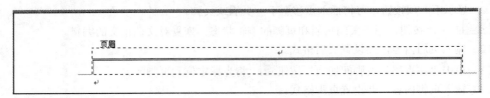

图 9.2.3　插入页眉线

9.2.2　插入和编辑页码

文章一般都是由多页组成，为了便于整理和查看，可为文档加上页码，这样既便于阅读，又便于整理。用以下两种方法可为文档添加页码：

（1）选择 插入(I) → 页码(U)... 命令，只为文档插入页码。

（2）选择 视图(V) → 页眉和页脚(H) 命令，在页眉、页脚中，不仅添加页码，还可添加文字和图形。

1．插入页码

为文档插入页码的具体操作步骤如下：

（1）将插入点置于要添加页码的位置中。

（2）选择 插入(I) → 页码(U)... 命令，弹出如图9.2.4所示的 页码 对话框。

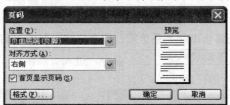

图 9.2.4　"页码"对话框

（3）单击"位置"列表框右边的下拉按钮，从弹出的列表中可选择页码出现的位置。

（4）单击"对齐方式"列表框右边的下拉按钮，从弹出的列表中可选择页码对齐的方式。

（5）选中 首页显示页码(S) 复选框，表示从第一页开始就显示页码，否则第一页不显示页码。

（6）单击 确定 按钮即可为文档插入页码，如图9.2.5所示。

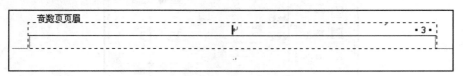

图 9.2.5　插入页码

2．设置页码格式

设置文档中页码格式的具体操作步骤如下：

（1）将插入点置于要改变页码格式的位置中。

（2）选择 插入(I) → 页码(U)... 命令，弹出 页码 对话框，单击 格式(F)... 按钮，弹出如图 9.2.6 所示的 页码格式 对话框。

图 9.2.6　"页码格式"对话框

（3）在"数字格式"列表框中可选择一种页码格式。

（4）选中 ☑ 包含章节号(N) 复选框，其下面的 3 个选项被激活。

（5）在"章节起始样式"列表框中，选择要应用章节标题的样式。

 注意：必须对章节标题应用文档中独有的标题样式。

（6）在"使用分隔符"列表框中选择所需章节号和页码间的分隔符。

（7）在"页码编排"选项区域中，选中 ◉ 续前节(C) 单选按钮，则接前节中的页码继续编码，选中 ◉ 起始页码(A) 单选按钮，表示重新开始编码。

（8）单击 确定 按钮，即可完成页码格式的设置，如图 9.2.7 所示。

图 9.2.7　设置的页码格式

9.2.3　文档插入分页符

分页符就是文档上一页结束至下一页开始的位置。在 Word 2003 中，可以插入自动分页符和手动分页符。

1．自动分页符

自动分页符是 Word 2003 默认的。如果要取消默认的自动分页功能，具体操作步骤如下：

（1）单击"普通视图"按钮 ▤，将视图方式切换到普通视图模式中。

（2）选择 工具(T) → 选项(O)... 命令，弹出 选项 对话框，打开 常规 选项卡，如图 9.2.8 所示。

（3）在"常规选项"选区中取消选中 ☐ 后台重新分页(B) 复选框。

（4）单击 确定 按钮即可。

2. 插入手动分页符

在文档中插入手动分页符的具体操作步骤如下：

（1）将光标置于文档中要插入手动分页符的位置。

（2）选择 插入(I) → 分隔符(B)... 命令，弹出如图 9.2.9 所示的 分隔符 对话框。

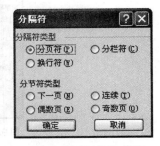

图 9.2.8　"常规"选项卡　　　　　　　　　　图 9.2.9　"分隔符"对话框

（3）在"分隔符类型"选区中选中 分页符(P) 单选按钮。

（4）单击 确定 按钮即可。

9.3　打　印　输　出

设置和排版好文档后即可打印输出文档。要将文档按预期的样式正确地打印出来，还需对打印过程中的操作做进一步的了解。

9.3.1　打印机的设置

在打印之前，应确保计算机已正确连接了打印机，并安装了相应的打印机驱动程序。选择打印机的具体操作步骤如下：

（1）选择 文件(F) → 打印(P)... Ctrl+P 命令，弹出如图 9.3.1 所示的 打印 对话框。

图 9.3.1　"打印"对话框

（2）单击"名称"下拉列表中右边的下拉按钮 ，从弹出的列表中选择所需打印机名称。

（3）单击 属性(P) 按钮，弹出 打印机(可打印)上的 HP 文档 属性 对话框，如图 9.3.2 所示。

在该对话框中可设置打纸张的方向。

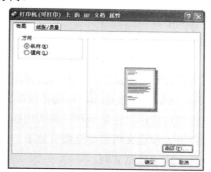

图 9.3.2　"打印机（可打印）上的 HP 文档属性"对话框

（4）打开 纸张/质量 选项卡，如图 9.3.3 所示。

图 9.3.3　"纸张/质量"选项卡

（5）从中可选择送纸器类型，选择打印纸张质量和打印颜色（包括黑白和颜色）。

（6）单击 确定 按钮即可。

9.3.2　打印预览

Word 中提供了打印预览功能，可在打印前预览一下全文，以便查看是否有疏忽的地方。使用打印预览功能可选择 文件(F) → 打印预览(V) 命令，或直接单击"常用"工具栏中的"打印预览"按钮 ，可看到如图 9.3.4 所示的打印预览窗口。

图 9.3.4　"打印预览"窗口

预览窗口中的各按钮功能介绍如下：

⬛：打印按钮，可打印当前预览的文档。

⬛：放大镜按钮，单击此按钮可实现文档在放大和缩小之间切换。

⬛：单页按钮，单击此按钮，窗口将显示单页的预览。

⬛：多页按钮，单击此按钮将打开一个示意窗口，拖动鼠标即可改变显示的页面数。

⬛ 42% ▾：显示比例，单击其右边的下拉按钮▾，可选择预览文档的大小比例。

⬛：查看标尺按钮，单击此按钮可使标尺在显示和隐藏间切换。

⬛：缩小字体填充按钮，可将放大预览文档缩小至整页显示。

⬛：全屏显示按钮，可用全屏方式来预览文档。

关闭(C)：关闭按钮，单击此按钮可退出预览方式，并返回到正常编辑状态。

9.3.3 打印文档

当检查打印机与计算机的连接正确无误时，可直接单击"常用"工具栏中的"打印"按钮⬛，此时打印的是当前整个文档。

如果要将打开文档中的部分内容打印出来，可按以下步骤操作：

（1）选择 文件(F) → ⬛ 打印(P)... Ctrl+P 命令，弹出 打印 对话框（见图 9.3.1）。

（2）在"页面范围"选项区域中可设置打印文档的各种范围。

（3）在"副本"选项区域中可设置打印的份数。

（4）在"缩放"选项区域中可设置打印内容是否缩放。

（5）单击 确定 按钮即可。

9.3.4 选用或取消后台打印

后台打印就是将打印任务交后台完成，这样在打印文档的同时还可对文档进行其他操作。Word 在默认情况下是后台打印。选用或取消后台打印的具体操作步骤如下：

（1）选择 工具(T) → 选项(O)... 命令，弹出 选项 对话框。

（2）打开 打印 选项卡，如图 9.3.5 所示。

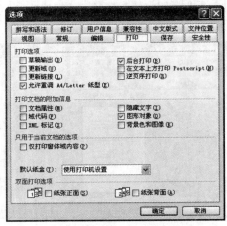

图 9.3.5 "打印"选项卡

（3）选中☑**后台打印(B)** 复选框。

（4）单击 **确定** 按钮，可进行后台打印。

📢 **提示：** 后台打印速度较慢，如果需要快速打印，可取消后台打印。取消后台打印后，打印时会弹出如图 9.3.6 所的 **正在打印** 对话框。此对话可显示打印进度，在此期间用户不能用 Word 进行其他操作。

图 9.3.6　"正在打印"对话框

9.4　应用实例——打印文档

通过本例，用户应掌握打印文档中的页面设置和打印机设置。

操作步骤

（1）打开一篇编辑好的文档。

（2）选择 **文件(F)** → **页面设置(U)...** 命令，弹出如图 9.4.1 所示 **页面设置** 对话框。

（3）在"页边距"选项区域中，将"上""下"微调框中的数字都设置为"2 厘米"，"左""右"微调框中的数字都设置为"3 厘米"；在"装订线"微调框中输入"0.5 厘米"，在"装订线位置"下拉列表框中选择"上"。

（4）在"方向"选项区域中选择"纵向"，在"应用于"列表框中选择"整篇文档"。

（5）打开 **纸张** 选项卡，在"纸张大小"下拉列表中选择"A4"，如图 9.4.2 所示。

图 9.4.1　"页面设置"对话框

图 9.4.2　"纸张"选项卡

（6）打开 **版式** 选项卡，在"页眉和页脚"选项区域中选中☑**首页不同(P)** 复选框；将"页眉"微调框中的值调至"1 厘米"，"页脚"微调框中的值调至"1.5 厘米"，如图 9.4.3 所示。

（7）打开 **文档网格** 选项卡，在"网格"选项区域中选中◉**文字对齐字符网格(X)** 单选按钮，则"字符"选项区域中的选项被激活，在"每行"微调框中输入"30"；在"行"选项区域中的"每页"

微调框中输入"45",如图 9.4.4 所示。

图 9.4.3 "版式"选项卡　　　　图 9.4.4 "文档网格"选项卡

（8）单击 绘图网格(W)... 按钮，弹出 绘图网格 对话框，选中 ☑对象与其他对象对齐(N)、☑在屏幕上显示网格线(L)和☑垂直间隔(T)复选框。

（9）单击 确定 按钮，返回 页面设置 对话框，效果如图 9.4.5 所示。

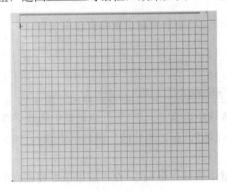

9.4.5 设置文档网格

（10）单击 确定 按钮，完成页面设置。

（11）选择 视图(V) → 页眉和页脚(H) 命令，进入页眉区。

（12）在光标处输入页眉内容"小小说欣赏"，单击"页眉和页脚"工具栏中的"在页眉和页脚间切换"按钮，可切换到页脚处，在页脚处输入页码。

（13）设置完页面后，选择 文件(F) → 打印(P)... Ctrl+P 命令，弹出 打印 对话框，如图 9.4.6 所示。

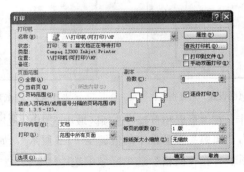

图 9.4.6 "打印"对话框

（14）本例选用默认打印机，在"页面范围"选项区域中选中 ⊙ **当前页(E)** 单选按钮，在"副本"选项区域中的"份数"微调框中输入"2"，表示打印两份此文档。

（15）单击 **确定** 按钮，即可打印出所需的文档。

本 章 小 结

　　本章主要讲解了页面设置、文档格式、打印输出等内容。通过本章的学习，用户可以掌握熟练 Word 中页面设置，页眉、页脚的设置和打印输出的方法。

实 训 练 习

一、填空题

1．"页面设置"对话框包括的选项卡有＿＿＿＿、＿＿＿＿、＿＿＿＿和＿＿＿＿。

2．要查文档的页眉、页脚、页码等内容，需将文档切换到＿＿＿＿视图。

3．如果对预览效果不满意，可单击"打印预览"工具栏上的＿＿＿＿按钮或按＿＿＿＿键返回页面视图进行调整。

二、选择题

1．在 Word 中，如果要使文档内容横向打印，在"页面设置"中应选择的标签是（　　）。

　　A．纸型　　　　　　　　　　　B．纸张来源

　　C．页边距　　　　　　　　　　D．版面

2．关于打印操作，下列说法不正确的是（　　）。

　　A．打印文档时可以选择打印的范围

　　B．打印文档可以打印成纸张，也可以打印成电脑中的文件

　　C．打印文档之前一定要进行页面设置，否则将无法打印

　　D．可以同时打印多份文档

3．对已建立的页眉、页脚，如果要打开它可以双击（　　）。

　　A．文本区　　　　　　　　　　B．页眉和页脚区

　　C．菜单区　　　　　　　　　　D．工具栏区

4．输入打印页码【31-43,53,70-】表示打印的是（　　）。

　　A．第 31 页，第 43 页，第 53 页，第 70 页

　　B．第 31 页，第 43 页，第 52 至 70 页

　　C．第 31 至 43 页，第 53 页，第 70 页

　　D．第 31 至 43 页，第 53 页，第 70 页至最后一页

5．以下关于打印预览的叙述中，正确的是（　　）

　　A．打印预览状态下能显示出标尺

　　B．打印预览可以显示多张页面

　　C．打印预览下可以直接进行打印

D．打印预览状态下可以进行部分文字处理

三、简答题

1．怎样向文档中插入页码？

2．怎样选择纸张大小和设置页边距？

3．怎样打印文档的 1，3，5，6，7，8，9 页？

4．如何对文档的页面进行设置？

5．打印文档之前，为什么要先对其进行打印预览？

四、上机操作题

1．给一篇文档添加页码，将其页码设置为奇偶页不同，并将其打印出来。

2．使用向导创建一个日历文档，设置文档中的字符格式，并在文档中插入图片和艺术字，然后对文档进行保存、预览和打印。

第 10 章　综合应用实例

为了更好地了解并掌握 Word 2003 的应用，本章准备了一些具有代表性的综合应用实例。所举实例由浅入深地贯穿本书的知识点，使读者能够深入了解 Word 的相关功能和具体应用。

知识要点

- 制作工资表
- 制作贺卡
- 制作 CD 封面
- 制作个性化信笺
- 制作校园周报
- 设计具有特色的专业介绍
- 制作日常费用月报表
- 制作"告家长书"

综合实例 1　制作工资表

实例内容

本例制作工资表，最终效果如图 10.1.1 所示。

姓名 ＼ 项目	基本工资	奖金	加班费	实发工资
张珊	550	100	170	820
刘华	550	90	150	790
徐蕾	550	92	160	802

图 10.1.1　"工资表"最终效果图

设计思想

在制作过程中，主要用到插入表格、在表格中绘制斜线表头、利用公式求和及给表格添加边框和底纹等操作。

操作步骤

（1）启动 Word 2003，新建一个空白文档。

（2）单击"常用"工具栏上的"插入表格"按钮，在文档中插入 4 行 5 列的表格，如图 10.1.2

所示。

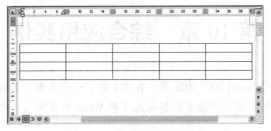

图 10.1.2 在文档中插入表格

（3）将光标置于首行第一个单元格中，选择 表格(A) → 绘制斜线表头(U)... 命令，弹出如图 10.1.3 所示的 插入斜线表头 对话框。

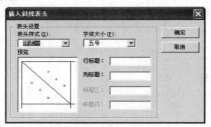

图 10.1.3 "插入斜线表头"对话框

（4）在"表头设置"选项区域中的"表头样式"下拉列表中选择"样式一"选项，在"行标题"文本框中输入"项目"，在列标题文本框中输入"姓名"，在"字体大小"下拉列表中选择字号为"五号"，效果如图 10.1.4 所示。

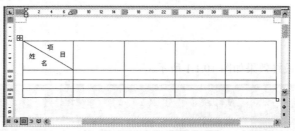

图 10.1.4 在表格中插入斜线表头

（5）在表格中输入文本内容。在首行插入斜线表头的单元格后的单元格中分别输入"基本工资""奖金""加班费"和"实发工资"；在首列插入斜线表头的单元格后的单元格中分别输入"张珊""刘华"和"徐蕾"，然后选中整个表格，单击鼠标右键，在弹出的快捷菜单中选择 单元格对齐方式(G) ▶ 命令，在弹出的下拉菜单中选择一种对齐方式，如图 10.1.5 所示。

图 10.1.5 选择对齐方式

（6）在其余的单元格中输入文本内容，效果如图 10.1.6 所示。

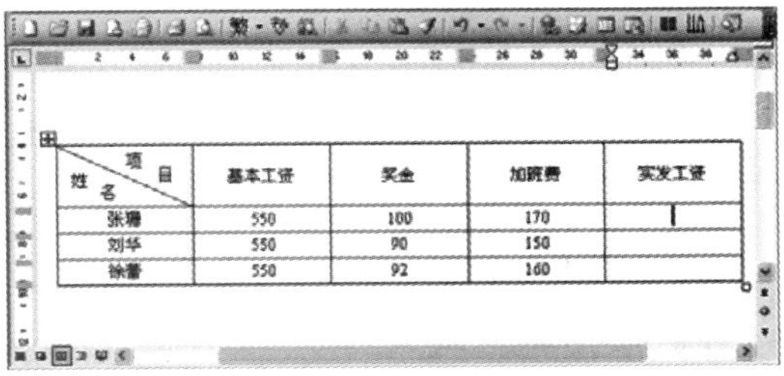

图 10.1.6　输入文本内容

（7）将光标置于"实发工资"下的单元格中，选择 表格(A) → 公式(O)... 命令，弹出如图 10.1.7 所示的 公式 对话框。

图 10.1.7　"公式"对话框

（8）在"公式"文本框中输入公式"=SUM(LEFT)"，在"数字格式"下拉列表中选择一种数字格式，单击 确定 按钮即可。利用此公式分别求出各行的和，效果如图 10.1.8 所示。

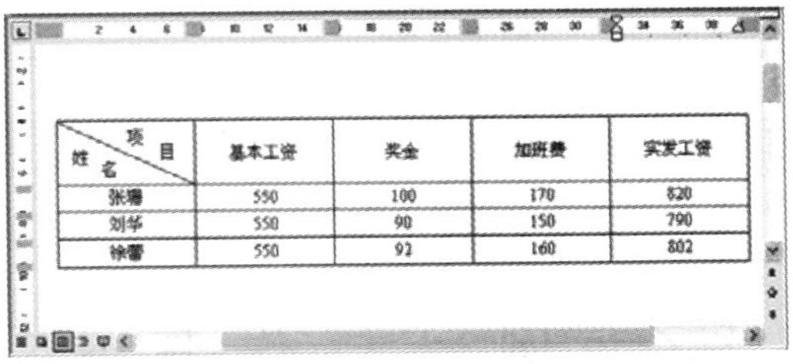

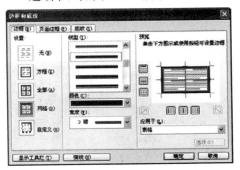

图 10.1.8　求和效果

（9）选中整个表格，单击鼠标右键，在弹出的快捷菜单中选择 边框和底纹(B)... 命令，弹出 边框和底纹 对话框，打开 边框(B) 选项卡，如图 10.1.9 所示。

图 10.1.9　"边框"选项卡

（10）在"设置"选项区域中选择"网格"选项，在"线型"列表框中选择一种线型（见图 10.1.9），在"颜色"下拉列表中选择颜色为"蓝色"，在"宽度"下拉列表中选择宽度为"3 磅"。单击 确定按钮，即为表格设置了边框，效果如图 10.1.10 所示。

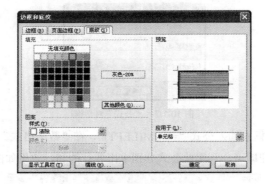

图 10.1.10　添加了边框的表格

（11）分别选中首行和首列，单击鼠标右键，在弹出的快捷菜单中选择 边框和底纹(B)... 命令，弹出 边框和底纹 对话框，打开 底纹(S) 选项卡，如图 10.1.11 所示。

图 10.1.11　"底纹"选项卡

（12）在"填充"选项区域中选择一种颜色，单击 确定 按钮，即可在表格中添加底纹。

（13）本实例制作完毕，最终效果如图 10.1.1 所示。

综合实例 2　制 作 贺 卡

实例内容

本例制作贺卡，最终效果如图 10.2.1 所示。

图 10.2.1　"贺卡"最终效果图

 设计思想

在制作过程中，主要用到在 Word 文档中插入和编辑图片、艺术字及自选图形等操作。

 操作步骤

（1）启动 Word 2003，单击"常用"工具栏上的"新建空白文档"按钮，新建一个空白文档。

（2）选择 插入(I) → 图片(P) ► → 来自文件(F)… 命令，弹出如图 10.2.2 所示的 插入图片 对话框。

（3）在"查找范围"下拉列表中选择图片所在的位置。在列表框中选择一种图片，单击 插入(S) 按钮，将图片插入到 Word 文档中。在文档中调整图片到合适大小，如图 10.2.3 所示。

（4）选择 插入(I) → 图片(P) ► → 艺术字(W)… 命令，弹出如图 10.2.4 所示的 艺术字库 对话框。

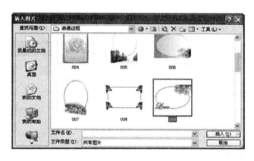
图 10.2.2　"插入图片"对话框

图 10.2.3　在文档中插入图片

（5）在对话框中选择一种艺术字样式，单击 确定 按钮，弹出如图 10.2.5 所示的 编辑"艺术字"文字 对话框。

（6）在"文字"文本框中输入"情人节快乐！"字样，并设置字体为"华文行楷"，字号为"32"。

（7）单击 确定 按钮即可将艺术字插入到 Word 文档中。

图 10.2.4　"艺术字库"对话框

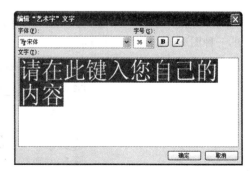
图 10.2.5　"编辑'艺术字'文字"对话框

（8）选中插入到文档中的艺术字，打开"艺术字"工具栏，如图 10.2.6 所示。

图 10.2.6　"艺术字"工具栏

（9）单击"艺术字"工具栏上的"艺术字竖排文字"按钮 ，将艺术字设置为竖排。

（10）单击"艺术字"工具栏上的"文字环绕"按钮 ，在弹出的下拉菜单中选择 浮于文字上方(N) 命令，将艺术字设置为悬浮式，同时将其移动到插入的图片上，如图 10.2.7 所示。

图 10.2.7　编辑艺术字

（11）以同样的方法在 艺术字库 对话框中选择一种艺术字样式，并在弹出的 编辑"艺术字"文字 对话框中的"文字"文本框中输入"愿天下有情人终成眷属！"字样，并设置字体为"华文新魏"，字号为"20"，同时单击"加粗"按钮 ，然后单击 确定 按钮，在文档中插入艺术字。

（12）选中插入到文档中的艺术字，在打开的"艺术字"工具栏上单击"艺术字形状"按钮 ，在弹出的下拉菜单中选择一种艺术字形状，如图 10.2.8 所示，设置艺术字的形状。

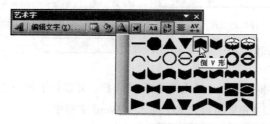

图 10.2.8　"艺术字形状"下拉菜单

（13）单击"绘图"工具栏上的 自选图形(U) 按钮，在弹出的下拉菜单中选择 基本形状(B) 子菜单中的一种图形，如图 10.2.9 所示。

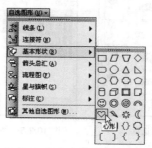

图 10.2.9　"自选图形"下拉菜单及"基本形状"子菜单

（14）在图片上插入心形图形，并复制一个，同时双击插入的图形，弹出 设置自选图形格式 对话框，如图 10.2.10 所示。

（15）在"填充"选项区域中的"颜色"下拉列表中选择红色；在"线条"选项区域中的"颜色"下拉列表中设置无线条颜色，根据需要调整插入的自选图形。

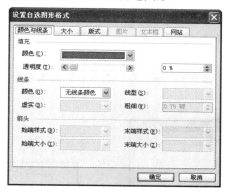

图 10.2.10　"设置自选图形格式"对话框

（16）本实例制作完毕，最终效果如图 10.2.1 所示。

综合实例 3　制作 CD 封面

 实例内容

本例用 Word 制作 CD 封面，最终效果如图 10.3.1 所示。

图 10.3.1　"CD 封面"最终效果图

 设计思想

在制作的过程中，主要用到页面设置、插入图片、设置图片格式、插入图形、设置自选图形格式、绘制文本框等操作。

![操作步骤图标] **操作步骤**

（1）启动 Word 2003，新建一个空白文档。

（2）选择 文件(F) → 页面设置(U)... 命令，弹出 页面设置 对话框。打开 纸张 选项卡，在"纸张大小"下拉列表中选择"自定义大小"选项，将"宽度"设为 13 厘米，"高度"设为 12.6 厘米，如图 10.3.2 所示。

（3）打开 页边距 选项卡，将"上、下、左、右"页边框均设置为 0.5，单击 确定 按钮，效果如图 10.3.3 所示。

图 10.3.2 设置纸张大小

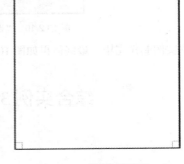

图 10.3.3 设置好的页面

（4）选择 插入(I) → 图片(P) ▶ → 来自文件(F)... 命令，弹出 插入图片 对话框。在"查找范围"下拉列表中选择所需的图片，如图 10.3.4 所示。

图 10.3.4 选择图片

（5）单击 插入(S) 按钮，在 Word 中插入一幅图片。单击插入的图片，打开"图片"工具栏，单击工具栏中的"文字环绕"按钮，从弹出的下拉列表中选择 浮于文字上方(N) 命令，效果如图 10.3.5 所示。

（6）单击"绘图"工具栏中"椭圆"按钮○，同时按"Shift"键在页面中央绘制一个圆形。

（7）在绘制的圆形上单击鼠标右键，从弹出的快捷菜单中选择 设置自选图形格式(O)... 命令，弹出 设置自选图形格式。在 大小 选项卡中，设置其"高度"和"宽度"均为 12 厘米，如图 10.3.6

所示。

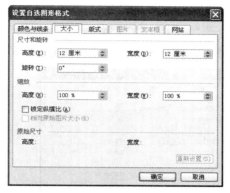

图 10.3.5 插入的图片   图 10.3.6 "设置自选图形格式"对话框

（8）单击 确定 按钮返回 Word 文档。用同样的方法，再绘制一个大小为 3.2×3.2 的小圆，并调整这两个圆到页面的中央，尽量使两个圆的圆心重合，如图 10.3.7 所示。

（9）选择绘制的两个圆形，单击鼠标右键，从弹出的快捷菜单中选择 设置自选图形格式(O)... 命令，弹出 设置自选图形格式 对话框。打开 颜色与线条 选项卡，在"填充颜色"下拉列表中选择"无填充颜色"。

（10）单击 确定 按钮，效果如图 10.3.8 所示。

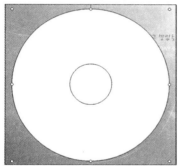

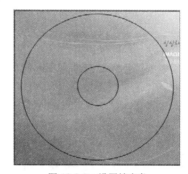

图 10.3.7 绘制的自选图形   图 10.3.8 设置填充色

（11）单击"绘图"工具栏中的"横排文本框"按钮，在圆环上绘制一个文本框，并输入文字"Tenda 腾达网络以人为本"，如图 10.3.9 所示。

（12）选中第一行文本，单击"常用"工具栏中"字号"下拉列表，从中选择"初号"。选中第二行文本，设置其字号为"小四"，再单击"分散对齐"按钮，效果如图 10.3.10 所示。

图 10.3.9 在文本框中输入文本   图 10.3.10 设置字号和段落格式

（13）在文本框上单击鼠标右键，从弹出的快捷菜单中选择 设置文本框格式(O)... 命令，弹
出 设置文本框格式 对话框。在 颜色与线条 选项卡，设置"填充颜色"为"无填充颜色"，"线条颜色"
为"无线条颜色"，如图 10.3.11 所示。

（14）单击 确定 按钮，设置的效果如图 10.3.12 所示。

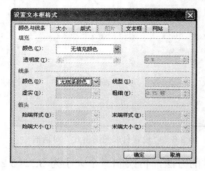

图 10.3.11 "设置文本框格式"对话框   图 10.3.12 设置文本框格式后的效果

（15）将圆环上的文本框复制一个，放置在圆环的下方，并将文字更改，设置字体大小，效果如
图 10.3.13 所示。

（16）选择下方文本框的上两行文本，选择 格式(O) → 段落(P)... 命令，弹出 段落
对话框。设置"对齐方式"为"居中"，行距设置为"固定值 17 磅"，如图 10.3.14 所示。

图 10.3.13 复制文本框并更改文本后的效果   图 10.3.14 "段落"对话框

（17）单击 确定 按钮完成段落格式设置，调整文本框到合适的位置，效果如图 10.3.1 所示。

（18）将制作好的光盘封面用打印机打印出来，再用剪刀沿着圆的边线剪下多余的部分，将圆环
贴到光盘上就可以了。

综合实例 4   制作个性化信笺

实例内容

本例利用 Word 2003 制作个性化信笺，最终效果如图 10.4.1 所示。

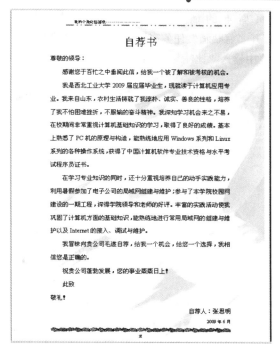

图 10.4.1　"个性化信笺"最终效果图

设计思想

在 A4 纸上设计信纸的版式。在信纸的页眉、页脚上加上适当的图案和文字,在信纸的页脚上输入页码,制作页面的底纹,将设计完成的空白信笺纸保存到自己的文件夹中,文件名为"个性化信笺.doc"。打开自己文件下的"个性化信笺.doc"文件,把"自荐书.doc"文件中的所有内容复制到设计好的个性化信笺纸上面,并保存到"个性化信笺.doc"文件中。

操作步骤

(1)设计页眉。启动 Word 2003 应用程序,单击"常用"工具栏的"保存"按钮 ，弹出 另存为 对话框。

(2)在"保存位置"下拉列表中选择自己的文件夹,在"文件名"文本框输入文件名"个性化信笺",在"保存类型"下拉列表中选择文件类型"Word 文档(*.doc)",单击 保存(S) 按钮。

(3)选择 视图(V) → 页眉和页脚(H) 命令,出现"页眉和页脚"工具栏,如图 10.4.2 所示。

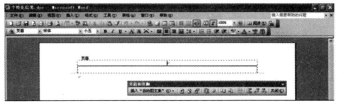

图 10.4.2　"页眉和页脚"工具栏

（4）将光标置于页眉下的插入点位置。选择 插入(I) → 图片(P) ▶ → 剪贴画(C)... 命令，打开"剪贴画"任务窗格，如图 10.4.3 所示。

（5）在"搜索文字"栏中输入"比喻"，单击 搜索 按钮，可搜索到相关的剪贴画，如图 10.4.4 所示。

图 10.4.3 "剪贴画"任务窗格　　　　图 10.4.4 搜索到的剪贴画

（6）在需要的剪贴画上单击，即可将图片插入到页眉中。

（7）用鼠标右键单击插入的图片，在弹出的快捷菜单中选择 设置图片格式(I)... 命令，弹出 设置图片格式 对话框。打开 版式 选项卡，在"环绕方式"栏中单击"衬于文字下方"按钮，如图 10.4.5 所示。

图 10.4.5 "版式"选项卡

（8）单击 确定 按钮，图片即衬于文字的下方。用鼠标右键单击插入的图片，在弹出的快捷菜单中选择 叠放次序(R) ▶ → 置于底层(K) 命令，使图片位于底层。

（9）选中插入的图片，将鼠标放在图片一角的控制点上，拖动鼠标调整图片大小，将图片移动到页眉左端位置，如图 10.4.6 所示。

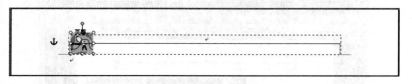

图 10.4.6 调整图片大小和位置

（10）用鼠标选中页眉上的段落，并将回车符一起选中。选择 格式(O) 边框和底纹(B)... 命令，弹出 边框和底纹 对话框。在"设置"栏中选择"无"选项，如图 10.4.7 所示。

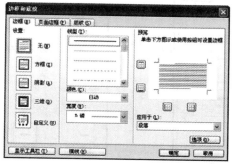

图 10.4.7 "边框和底纹"对话框

（11）单击 确定 按钮，将取消页眉上的横线，如图 10.4.8 所示。

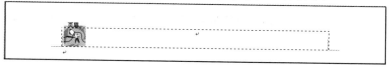

图 10.4.8 取消页眉线

（12）在页眉的插入点处输入适量的空格后，输入文字"我的个性化信笺纸………"。单击"绘图"工具栏中的"直线"按钮 ，在页眉文字下方绘制一条直线段，如图 10.4.9 所示。

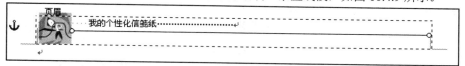

图 10.4.9 给页眉添加文字并绘制页眉线

（13）选中新绘制的线段，单击"绘图"工具栏中的"虚线线型"按钮 ，从中选择"长划线-点-点"线型。单击"线型"按钮 ，选择 2.5 磅的线段，设计好的页眉如图 10.4.10 所示。

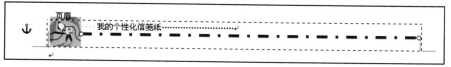

图 10.4.10 设计好的页眉

（14）设计页脚，在信纸的页脚上加上适当的图案和文字。在"页眉和页脚"工具栏中单击"在页眉和页脚间切换"按钮 ，将光标置于页脚的插入点上。

（15）用鼠标选中页脚上的段落符号，选择 格式(O) → 边框和底纹(B)... 命令，弹出 边框和底纹 对话框。打开 边框(B) 选项卡，单击 横线(H)... 按钮，弹出 横线 对话框，从中选择需要的线型，如图 10.4.11 所示。

（16）单击 确定 按钮，可在页脚处插入一条横线。

（17）在横线上单击鼠标右键，从弹出的快捷菜单中选择 设置横线格式(L) 命令，弹出 设置横线格式 对话框。将"宽度"设置为"15 厘米"，"高度"设置为"12 磅"，如图 10.4.12 所示。

（18）单击 确定 按钮，设置横线格式的效果如图 10.4.13 所示。

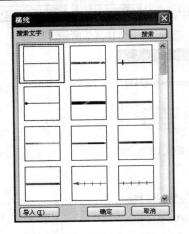

图 10.4.11 "横线"对话框

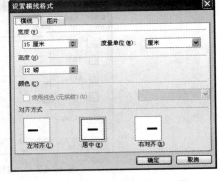

图 10.4.12 "设置横线格式"对话框

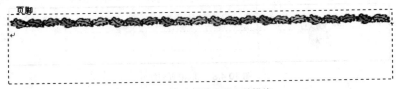

图 10.4.13 在页脚处插入的横线

（19）输入页码。将光标置于页脚的插入点上，选择 插入(I) → 页码(U)... 命令，弹出 页码 对话框。在"对齐方式"下拉列表中选择"居中"，选中 ☑ 首页显示页码(S) 复选框，如图 10.4.14 所示。

（20）单击 格式(F)... 按钮，弹出 页码格式 对话框。在"数字格式"下拉列表中选择"壹、贰、叁…"，在"起始页码"数值框中输入"1"，如图 10.4.15 所示。

图 10.4.14 "页码"对话框

图 10.4.15 "页码格式"对话框

（21）单击 确定 按钮返回到 页码 对话框，再单击 确定 按钮，可看到在页脚处插入了页码，如图 10.4.16 所示。

图 10.4.16 插入页码

（22）在文档空白处双击，退出页眉、页脚编辑状态。

（23）将光标置于文档中，选择 格式(O) → 背景(K) ▶ 水印(W)... 命令，

弹出 水印 对话框，选择 ⊙图片水印(I) 单选按钮，如图 10.4.17 所示。

（24）单击 选择图片(P)... 按钮，弹出 插入图片 对话框，在"查找范围"下拉列表中选择所需的背景图片，如图 10.4.18 所示。

图 10.4.17　"水印"对话框　　　　　　图 10.4.18　"插入图片"对话框

（25）单击 插入(S) 按钮返回到 水印 对话框，在"缩放"下拉列表中选择"150%"，选中 ☑冲蚀(H) 复选框，即可在文档中设置水印效果，如图 10.4.19 所示。

（26）编辑信笺文本。选择 插入(I) → 文件(L)... 命令，弹出 插入文件 对话框。在"查找范围"下拉列表中选择"自荐书.doc"文件，如图 10.4.20 所示。

（27）单击 插入(S) 按钮，即可将"自荐书.doc"文件中的所有内容复制到设计好的"个性化信笺"中，最终效果如图 10.4.1 所示。

图 10.4.19　水印效果　　　　　　图 10.4.20　"插入文件"对话框

综合实例 5　制作校园周报

 实例内容

本例主要进行校园周报的制作，最终效果如图 10.5.1 所示。

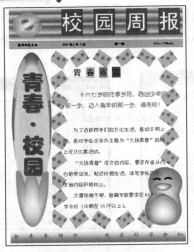

图 10.5.1 "校园周报"最终效果图

设计思想

这张校园周报共分为 6 个部分：报头、上方横幅、纵向标题、青春宣言、征文比赛、下方横幅。在制作的过程中，主要用到文档的页面设置、文本框的使用、艺术字使用、插入图片等操作方法。

操作步骤

（1）启动 Word 2003，新建一个空白文档。

（2）选择 文件(F) → 页面设置(U)... 命令，弹出 页面设置 对话框，在 页边距 选项卡中设置纸张方向为"纵向"，在 纸张 选项卡中设置"纸张大小"为"A4"。

（3）单击 确定 按钮，完成页面设置。

（4）选择 插入(I) → 文本框(X) ▶ → 横排(H) 命令，此时鼠标指针变为"十"字形状，在页面上方绘制一个文本框。

（5）双击文本框边界处，打开 设置文本框格式 对话框。单击 颜色与线条 选项卡，在"线条"选区的"颜色"下拉列表中选择"无线条颜色"，在"填充"选区的"颜色"下拉列表中选择 填充效果(F)... 命令，如图 10.5.2 所示。

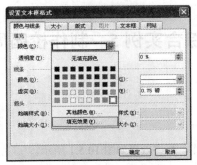

图 10.5.2 选择填充效果命令

（6）在弹出的 填充效果 对话框中单击 图片 选项卡，效果如图 10.5.3 所示。

图 10.5.3 "填充效果"对话框

（7）单击 选择图片(L)... 按钮，弹出 选择图片 对话框，在"查找范围"下拉列表中选择需要的图片，并单击 插入(S) 按钮，效果如图 10.5.4 所示。

图 10.5.4 填充图片效果

（8）在文本框中输入"校园周报"四字，并在每两个汉字之间都输入一个空格。选中所有文字，设置字体为"黑体"，文字大小为"60"，对齐方式为"右对齐"，字体颜色为"白色"，如图 10.5.5 所示。

图 10.5.5 设置字体效果

（9）选中"校"字，选择 格式(O) → 边框和底纹(B)... 命令，弹出 边框和底纹 对话框。单击 底纹(S) 选项卡，在"填充"下拉列表中选择"浅蓝色"，如图 10.5.6 所示。

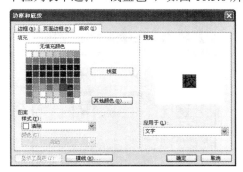

图 10.5.6 设置字符底纹

（10）单击 确定 按钮，完成设置。选中设置好的"校"字，双击"常用"工具栏中的"格式刷"按钮，将"园""周""报"三字一一选中，此时这四个字底纹均为"浅蓝色"，单击"格式刷"按钮，取消格式刷工具状态，效果如图 10.5.7 所示。

校 园 周 报

图 10.5.7 使用格式刷效果

（11）单击"绘图"工具栏中的"插入艺术字"按钮，弹出 艺术字库 对话框，从中选择第三行第一种样式，如图 10.5.8 所示。

（12）单击 确定 按钮，弹出 编辑"艺术字"文字 对话框，在文本框中输入字母"e"，设置字体为"Arial black"字号为"40"，如图 10.5.9 所示。

图 10.5.8 选择艺术字样式

图 10.5.9 编辑艺术字

（13）单击 确定 按钮，效果如图 10.5.10 所示。

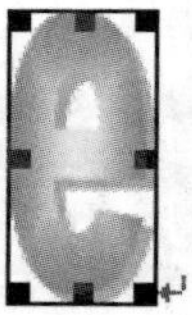

图 10.5.10 插入的艺术字

（14）单击插入的艺术字，在弹出的快捷菜单中选择 设置艺术字格式(O)... 命令，弹出 设置艺术字格式 对话框。单击 版式 选项卡，在"环绕方式"选区中单击"浮于文字上方"按钮，如图 10.5.11 所示。

图 10.5.11 设置艺术字格式

（15）单击 确定 按钮返回 Word 文档中。移动艺术字至"校园周报"四字左侧合适的位置，调节艺术字周围句柄，使艺术字大小合适，如图 10.5.12 所示。

校·园·周·报

图 10.5.12　调整艺术字大小和位置

（16）在制作好的报头下方绘制一个横排文本框，双击文本框边界处，弹出 设置文本框格式 对话框。切换至 大小 选项卡，设置高度为 "0.85cm"，宽度为 "17cm"；在 颜色与线条 选项卡中设置填充颜色为 "灰色-25%"，线条颜色为 "无线条颜色"，单击 确定 按钮。

（17）在文本框中输入文字 "校学生会主办" "2009 年 1 月 1 日" "第一期" "School Weekly"，并在文字之间输入空格，使文字均匀分布，设置所有文字字体为 "黑体"，大小为 "五号"，字形为 "加粗"，字体颜色为默认的 "黑色"，并将文本移动至指定位置，如图 10.5.13 所示。

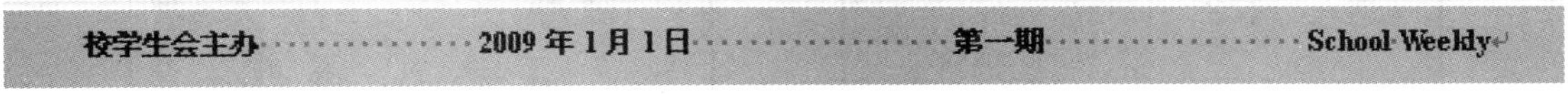

校学生会主办 · · · · · · · · · 2009 年 1 月 1 日 · · · · · · · 第一期 · · · · · · · · · · · · · School·Weekly

图 10.5.13　设置文本框文字效果

（18）重复上述步骤，绘制一个纵排文本框，设置文本框高度为 "18 cm"，宽度为 "4 cm"，线条颜色为 "无线条颜色"，并填充效果图片 pci2。

（19）在文本框中输入文字 "青春·校园"，设置字体为 "华文琥珀"，大小为 "60"，字形为 "加粗"，字体颜色为 "蓝-灰"。选中输入的文字，选择 格式(O) → A 字体(F)... 命令，弹出 字体 对话框，在 "效果" 选区选中 ☑阴影(W) 复选框，如图 10.5.14 所示。

（20）单击 确定 按钮，效果如图 10.5.15 所示。

图 10.5.14　"字体" 对话框　　　　图 10.5.15　设置文本框中文字字体效果

（21）将光标置于文档空白处，单击 "插入图片" 按钮，弹出 插入图片 对话框，在 "查找范围" 下拉列表中选择需要的图片 pci3，单击 插入(S) 按钮。

（22）在插入的图片上单击鼠标右键，从弹出的快捷菜单中选择 设置图片格式(I)... 命令，弹出 设置图片格式 对话框。单击 版式 选项卡，在 "环绕方式" 选区中单击 "浮于文字上方" 按钮，如图 10.5.16 所示。

（23）单击 确定 按钮返回 Word 文档中。在插入的图片上单击鼠标右键，从弹出的快捷菜单中选择 叠放次序(R) ▶ → 置于底层(K) 命令，将该图片置于文档底层，并调整图片的大小和位置，使得图片充满右侧的空白区域，如图 10.5.17 所示。

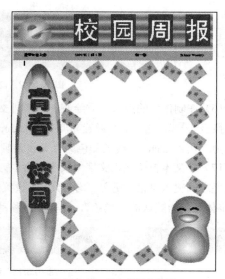

图 10.5.16　设置图片格式　　　　　　　　　图 10.5.17　插入的图片效果

（24）插入一个横排文本框，设置文本框的填充颜色为"无填充颜色"，线条颜色为"无线条颜色"。在文本框中输入"青春宣言"（每两字之间各有一个空格），并设置字体为"黑体"，文字大小为"小一"，设置这四个字的底纹为"黄色""金色""淡紫色"和"绿色"。

（25）换一行后输入"十六七岁的花季岁月，跨出少年的那一步，迈入青年的那一步，请走好！"，设置字体为"幼圆"，文字大小为"三号"，文字颜色为"淡紫"，并设置字体的阴影效果，将文本框移动至合适的位置，如图 10.5.18 所示。

（26）重复上述的步骤，在"青春宣言"下再绘制一个横排文本框，输入征文比赛的内容，设置字符和段落格式，如图 10.5.19 所示。

（27）在文档下方空白处绘制一个横排文本框，设置文本框的填充色为 ⊙ 双色(T)，"灰色-40%"，线条条颜色为"无线条颜色"。

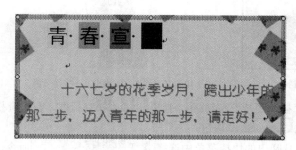

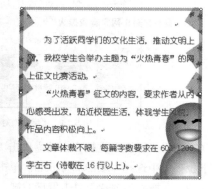

图 10.5.18　输入"青春宣言"　　　　　　　图 10.5.19　输入征文比赛的内容

（28）输入文字"弘扬青春情怀　追求科学新知"，设置文字字体为"华文新魏"，字号为"小二"，字体为"红色"。单击"格式"工具栏的"分散对齐"按钮▤，使文字在文本框中分散对齐。

（29）选择 文件(F) → 保存(S)　Ctrl+S 命令，将制作好的文档以"校园周报"为名保存在"我的文档"中，最终效果如图 10.5.1 所示。

综合实例 6 设计具有特色的专业介绍

实例内容

本例利用 Word 2003 制作具有特色的专业介绍，最终效果如图 10.6.1 所示。

图 10.6.1 "专业介绍"最终效果图

设计思想

本实例在制作时遵循以下思路：

（1）用自己习惯的输入法输入短文内容，或从"大学计算机教学网站"下载文本资料，然后以"专业介绍.doc"为文件名保存在自己的文件夹中，然后关闭此文档。

（2）设置文本字符与段落格式。

（3）设置底纹和页边框。

（4）使用查找与替换功能。

（5）设置分栏效果。

（6）设置页面。

操作步骤

（1）打开 Word 2003，在文档编辑区输入文本内容，如图 10.6.2 所示。

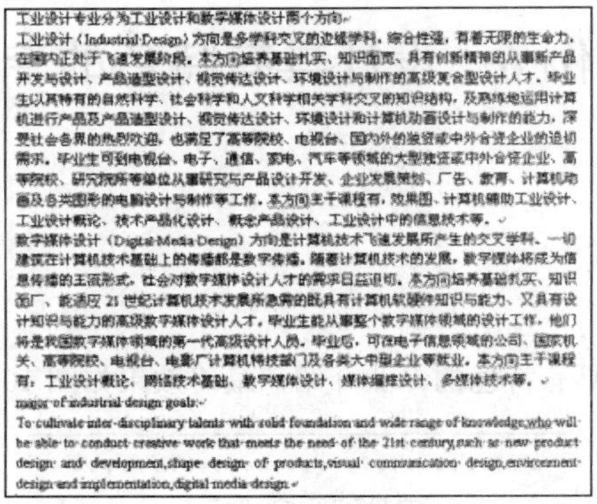

图 10.6.2　输入文本内容

（2）单击"常用"工具栏的"保存"按钮 ，弹出 另存为 对话框。在"保存位置"下拉列表中选择自己的文件夹，在"文件名"文本框输入"专业介绍"，在"保存类型"下拉列表中选择文件类型"Word 文档（*.doc）"，单击 保存(S) 按钮。

（3）按"Ctrl+A"快捷键，选中所有文本，在"常用"工具栏中设置字体为"宋体"、字号为"小四"。单击"行距"按钮右侧的 小三角按钮，在弹出的快捷菜单中选择"1.5"。

（4）将光标定位到文字最前面，按"Enter"键出现一空行，然后输入"工业设计专业介绍"。

（5）选中标题，选择"格式"工具栏中的相应按钮设置标题为"居中、小初、华文彩云"，如图10.6.3 所示。

工业设计专业介绍

图 10.6.3　设置文档标题

（6）将光标置于"工业设计专业分为工业设计和数字媒体设计两个方向"段落之后，单击鼠标右键，在弹出的快捷菜单中选择 段落(P)... 命令，弹出 段落 对话框。在"间距"栏的"段前"微调框中输入"0.7 行"，如图 10.6.4 所示。

（7）单击 确定 按钮，返回到原文档中。

（8）选中"工业设计专业分为工业设计和数字媒体设计两个方向"文本，选择 格式(O) → 边框和底纹(B)... 命令，弹出 边框和底纹 对话框。单击 底纹(S) 选项卡，在"填充"颜色栏中选择"浅黄色"，如图 10.6.5 所示。

图 10.6.4　设置段落间距

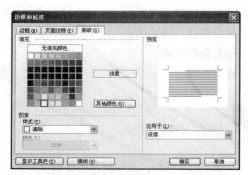

图 10.6.5　"底纹"选项卡

（9）单击 确定 按钮，字符即被填充为浅黄色，如图 10.6.6 所示。

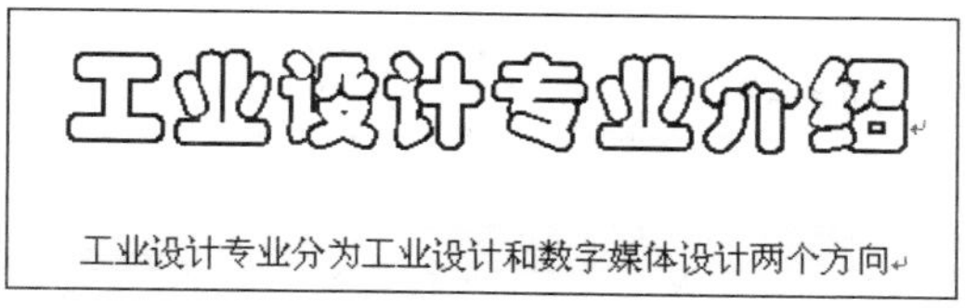

工业设计专业介绍

工业设计专业分为工业设计和数字媒体设计两个方向

图 10.6.6　设置字符颜色

（10）将光标置于文档中任意位置，选择 格式(O) → 边框和底纹(B)... 命令，弹出 边框和底纹 对话框。单击 页面边框(P) 选项卡，在"艺术型"下拉列表中选择一种边框样式，在"宽度"微调框中输入"22 磅"，如图 10.6.7 所示。

（11）单击 确定 按钮，可为整个页面添加边框效果，如图 10.6.8 所示。

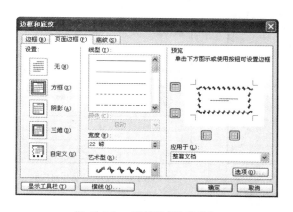

图 10.6.7　"页面边框"选项卡

图 10.6.8　添加页面边框效果

（12）选中要修改的英文单词"major of industrial design goals:"，选择 格式(O) → 更改大小写(E)... 命令，弹出 更改大小写 对话框，选中 词首字母大写(T) 单选按钮，如图 10.6.9 所示。

（13）单击 确定 按钮，即可将每个单词的首字母改为大写。

（14）选中要修改的英文单词，选择 格式(O) → 边框和底纹(B)... 命令，弹出 边框和底纹 对话框。打开 边框(B) 选项卡，在"设置"栏中单击"阴影"按钮 ，在"宽度"下拉列表中选择"1.5 磅"，在"颜色"下拉列表中选择"红色"，如图 10.6.10 所示。

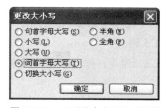

图 10.6.9　"更改大小写"对话框

图 10.6.10　"边框"选项卡

（15）单击 确定 按钮，可为字符设置边框效果，如图 10.6.11 所示。

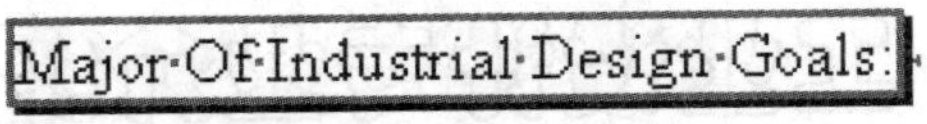

Major·Of·Industrial·Design·Goals:

图 10.6.11 设置字符边框

（16）选中第一、二段中的文字，按"Ctrl+H"快捷键，弹出 查找和替换 对话框，打开 替换(P) 选项卡。单击 高级 ▼(M) 按钮，再单击 特殊字符(E)▼ 按钮，在弹出的快捷菜单中选择 任意字母(Y) 命令，在"查找内容"文本框中会出现"^$"符号，表示任意字母，如图 10.6.12 所示。

（17）将光标定位于"替换为"文本框中，单击 格式(O)▼ 按钮，选择 字体(F)... 命令，弹出 查找字体 对话框。在"字体颜色"下拉列表中选择"蓝色"，在"着重号"下拉列表中选择"•"，如图 10.6.13 所示。

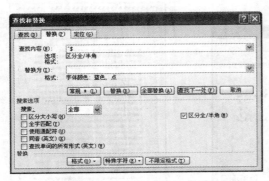

图 10.6.12 "查找和替换"对话框   图 10.6.13 "查找字体"对话框

（18）单击 确定 按钮，返回到 查找和替换 对话框中。单击 全部替换(A) 按钮，弹出如图 10.6.14 所示的提示信息，这里单击 否(N) 按钮。

Microsoft Office Word

Word 已完成对所选内容的搜索，共替换 21 处。是否搜索文档其余部分？

是(Y)   否(N)

图 10.6.14 替换提示信息

（19）单击 关闭 按钮，退出 查找和替换 对话框，可以看到在所选的段落中所有的英文字符都加上了着重号，如图 10.6.15 所示。

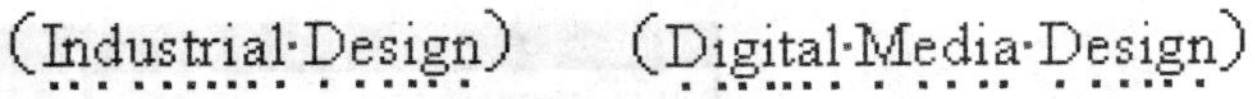

(Industrial·Design)   (Digital·Media·Design)

图 10.6.15 查找和替换的结果

（20）将光标定位在第二段开始，按"Enter"键，插入一空行。

（21）单击"绘图"工具栏中的"直线"按钮 ，在空行中绘制一条直线，单击"虚线线型"按钮 ，从中选择一种线型，单击"线型"按钮 ，选择"1.5 磅"。

（22）选中第一段文字，选择 格式(O)→ 分栏(C)... 命令，弹出 分栏 对话框。单击"两栏"按钮 ，选中 ☑分隔线(B) 复选框，如图 10.6.16 所示。

（23）单击 确定 按钮，效果如图 10.6.17 所示。

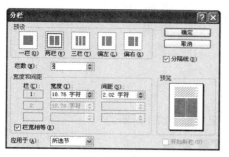

图 10.6.16　"分栏"对话框

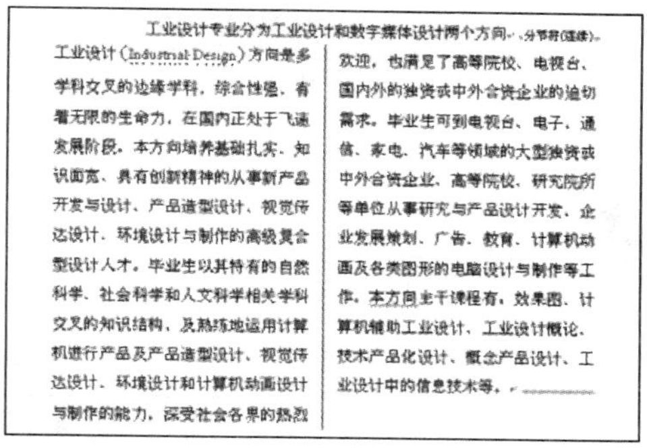

图 10.6.17　分栏效果

（24）将光标定位在第一段，选择 格式(O) → 首字下沉(D)... 命令，弹出 首字下沉 对话框。在"位置"选区中单击"下沉"按钮，在"下沉行数"数值框中输入"2"，如图 10.6.18 所示。

（25）单击 确定 按钮，设置的首字下沉效果如图 10.6.19 所示。

图 10.6.18　"首字下沉"对话框

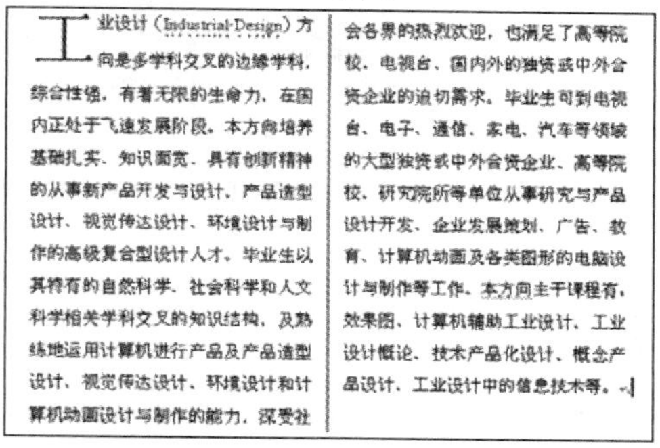

图 10.6.19　首字下沉效果

（26）重复上述步骤，给第二段文字设置分栏和首字下沉效果。

（27）单击"常用"工具栏上的"打印预览"按钮，可以看到此文档分为两页，第二页只有 4 行文字，如图 10.6.20 所示。

（28）单击 关闭(C) 按钮，退出打印预览状态。选择 文件(F) → 页面设置(U)... 命令，弹出 页面设置 对话框。单击 页边距 选项卡，将"上""下"页边距设置为"2 厘米"，"左""右"页边距设为"2.17 厘米"，如图 10.6.21 所示。

图 10.6.20　打印预览

图 10.6.21　设置页边距

（29）单击 确定 按钮，完成文档页面的设置，最终效果如图 10.6.1 所示。

综合实例 7 制作日常费用月报表

 实例内容

本例利用 Word 2003 制作日常费用月报表，最终效果如图 10.7.1 所示。

编号	日期	财务费用		管理费用		销售费用		合计（元）	备注
		用途	金额（元）	用途	金额（元）	用途	金额（元）		
1	2009-2-3	利息净支出	200.00	劳动保险费	8000.00	广告费	3500.00	11700.00	
2	2009-3-9	汇兑净损失	150.00	技术开发费	3000.00	整修费	1200.00	4350.00	
3	2009-5-20		0.00	招聘费	1000.00	运输费	1800.00	2800.00	
4	2009-6-15		0.00	业务招待费	1500.00	包装费	200.00	1700.00	
5	2009-7-10	银行手续费	600.00	工会经费	500.00	装卸费	600.00	1700.00	
6	2009-10-16		0.00	待业保险费	2000.00	展览费	400.00	2400.00	
		小计	950	小计	16000	小计	7700	24650.00	

制表日期：

制表人：

图 10.7.1 "月报表"最终效果图

 设计思想

本例利用 Word 2003 绘制一张公司日常费用月报表。在该报表中，使用者可以填写各种费用用途和费用金额，而报表中的费用小计和合计功能则可以通过公式自动计算获得，不需要手动计算后将数据填写在表格内。

 操作步骤

（1）启动 Word 2003 应用程序，打开一个空白文档。

（2）选择 文件(F) → 页面设置(U)... 命令，打开 页面设置 对话框。选择 页边距 选项卡，在"方向"选项区域中选择"横向"，如图 10.7.2 所示。

图 10.7.2 "页面设置"对话框

（3）单击 确定 按钮，完成页面设置。

（4）为了使标题更美观，可在标题上使用"艺术字"。选择 插入(I) → 图片(P) ▶
艺术字(W)... 命令，弹出 艺术字库 对话框。在系统所提供的艺术字样式中，选择第 2 行第 5 列艺术字，如图 10.7.3 所示。

图 10.7.3 "艺术字库"对话框

（5）单击 确定 按钮，打开 编辑"艺术字"文字 对话框。在"文字"文本框中输入"西安爱华教育有限公司"，并将其字体设置为"华文隶书"，字号为"36"号，如图 10.7.4 所示。

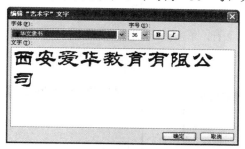

图 10.7.4 "编辑'艺术字'文字"对话框

（6）单击 确定 按钮，即可将标题插入到文档中，插入后的效果如图 10.7.5 所示。

图 10.7.5 主标题效果

（7）在主标题的下面输入副标题"——日常费用月报表"，并将其字体设置为"楷体"、字号为"小二"，字形为"加粗"，且"居中"显示，如图 10.7.6 所示。

图 10.7.6 副标题效果

（8）为了使标题更加有层次感，可以调整其缩进量。选中副标题内容，单击鼠标右键，在弹出的快捷菜单中选择 段落(P)... 命令，打开 段落 对话框。选择"缩进和间距"选项卡，在"缩进"选区中将"左"缩进设置为"17 字符"，如图 10.7.7 所示。

（9）单击 确定 按钮完成其左缩进的设置，表格标题制作完成。

（10）选择 表格(A) → 插入(I) ▶ → 表格(T)... 命令，弹出 插入表格 对话框。

在"表格尺寸"选区中，设置"列数"为"10"，"行数"为"9"，如图 10.7.8 所示。

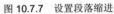

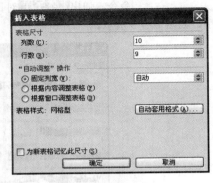

图 10.7.7　设置段落缩进　　　　　　　　　图 10.7.8　设置表格尺寸

（11）单击 <u>确定</u> 按钮，即可将表格插入到文档中。

（12）单击表格左上角的"移动控制点"按钮 ⊕，选中整个表格，单击鼠标右键，在弹出的快捷菜单中选择 <u>表格属性(R)...</u> 命令，弹出 **表格属性** 对话框。在"对齐方式"栏中单击"居中"按钮 ⊞，如图 10.7.9 所示。

（13）单击 <u>确定</u> 按钮，表格在页面中将居中显示。

（14）用鼠标选中表格第 2 行，单击鼠标右键，在弹出的快捷菜单中选择 <u>边框和底纹(B)...</u> 命令，弹出 **边框和底纹** 对话框。在"设置"选区中选中"自定义"选项，在"线型"下拉列表中选择"双线"，在"预览"框中单击"下边框"按钮 ⊞，如图 10.7.10 所示。

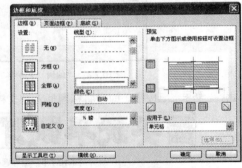

图 10.7.9　设置表格对齐方式　　　　　　　　图 10.7.10　设置表格边框

（15）单击 <u>确定</u> 按钮完成设置，效果如图 10.7.11 所示。

图 10.7.11　设置表格边框效果

（16）选中第 1 行第 3、4 列的两个单元格，选择 <u>表格(A)</u> → <u>合并单元格(M)</u> 命令，将其合并成一个单元格。按此方法，将第 1 行的第 5、6 列两个单元格合并；第 1 行的第 7、8 列两个单元格合并；第 1 列的第 1、2 行两个单元格合并；第 2 列的第 1、2 行两个单元格合并；第 9 列的第 1、2 行两个单元格合并；第 10 列的第 1、2 行两个单元格合并。

（17）合并单元格后，适当地调整表格的行高和列宽，并在表格中输入内容，如图 10.7.12 所示。

编号	日期	财务费用		管理费用		销售费用		合计（元）	备注
		用途	金额（元）	用途	金额（元）	用途	金额（元）		
1	2009-2-3	利息净支出	200.00	劳动保险费	8000.00	广告费	3500.00		
2	2009-3-9	汇兑净损失	150.00	技术开发费	3000.00	差旅费	1200.00		
3	2009-5-20		0.00	招聘费	1000.00	运输费	1800.00		
4	2009-6-15		0.00	业务招待费	1500.00	包装费	200.00		
5	2009-7-10	银行手续费	600.00	工会经费	500.00	装卸费	600.00		
6	2009-10-16		0.00	待业保险费	2000.00	展览费	400.00		
		小计		小计		小计			

图 10.7.12 修改并填写内容后的表格

（18）选中表格第 1、2 行，单击鼠标右键，在弹出的快捷菜单中选择 边框和底纹（B）... 命令，弹出 边框和底纹 对话框。选择"底纹"选项卡，在"填充"颜色列表中选择一种底纹颜色，如图 10.7.13 所示。

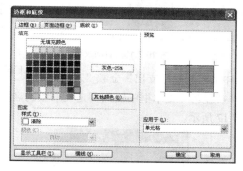

图 10.7.13 "底纹"选项卡

（19）单击 确定 按钮，即可设置好所选行的底纹，如图 10.7.14 所示。

编号	日期	财务费用		管理费用		销售费用		合计（元）	备注
		用途	金额（元）	用途	金额（元）	用途	金额（元）		
1	2009-2-3	利息净支出	200.00	劳动保险费	8000.00	广告费	3500.00		
2	2009-3-9	汇兑净损失	150.00	技术开发费	3000.00	差旅费	1200.00		
3	2009-5-20		0.00	招聘费	1000.00	运输费	1800.00		
4	2009-6-15		0.00	业务招待费	1500.00	包装费	200.00		
5	2009-7-10	银行手续费	600.00	工会经费	500.00	装卸费	600.00		
6	2009-10-16		0.00	待业保险费	2000.00	展览费	400.00		
		小计		小计		小计			

图 10.7.14 设置底纹效果

（20）使用同样的方法，将财务费用、管理费用和销售费用中的"用途"列的底纹设置成"蓝色"；将"合计"列的底纹设置成"红色"；将第 9 行的第 3～8 单元格设置成"黄色"。

（21）在表格的上面，输入"制表日期"字样，将其字体设置为"宋体""四号""加粗"显示。

（22）单击"格式"工具栏上的"下画线"按钮 U ，此时单击空格键即可输入下画线。使用同样的方法，在表格的下面输入"制表人："字样，并用键盘上的 Tab 键将其调整至如图 10.7.15 所示的位置。

制表日期：＿＿＿＿＿＿

编号	日期	财务费用		管理费用		销售费用		合计（元）	备注
		用途	金额（元）	用途	金额（元）	用途	金额（元）		
1	2009-2-3	利息净支出	200.00	劳动保险费	8000.00	广告费	3500.00		
2	2009-3-9	汇兑净损失	150.00	技术开发费	3000.00	差旅费	1200.00		
3	2009-5-20		0.00	招聘费	1000.00	运输费	1800.00		
4	2009-6-15		0.00	业务招待费	1500.00	包装费	200.00		
5	2009-7-10	银行手续费	600.00	工会经费	500.00	装卸费	600.00		
6	2009-10-16		0.00	待业保险费	2000.00	展览费	400.00		
		小计：		小计：		小计：		制表人：	

图 10.7.15 输入辅助信息

（23）单击要放置计算结果的单元格，单击"格式"工具栏上的"自动求和"按钮 Σ ，Word 会自动判断进行求和，如图 10.7.16 所示。

编号	日期	财务费用		管理费用		销售费用		合计（元）	备注
		用途	金额（元）	用途	金额（元）	用途	金额（元）		
1	2009-2-3	利息净支出	200.00	劳动保险费	8000	广告费	3500		
2	2009-3-9	汇兑净损失	150.00	技术开发费	3000	差旅费	1200		
3	2009-5-20		0.00	招聘费	1000	运输费	1800		
4	2009-6-15		0.00	业务招待费	1500	包装费	200		
5	2009-7-10	银行手续费	600	工会经费	500	装卸费	600		
6	2009-10-16		0.00	待业保险费	2000	展览费	400		
		小计：	750	小计：	16000	小计：	7700		

图 10.7.16 自动求和

（24）选中"财务费用"中的"利息净支出"金额"200"，选择 插入(I) → 书签(K)... 命令，弹出 书签 对话框。在"书签名"文本框中输入所定义书签的名称，这里输入"interest"代表利息净支出的金额，如图 10.7.17 所示。

图 10.7.17 "书签"对话框

（25）单击 添加(A) 按钮即可将数据标记为书签，如图 10.7.18 所示。

编号	日期	财务费用		管理费用		销售费用		合计（元）	备注
		用途	金额（元）	用途	金额（元）	用途	金额（元）		
1	2009-2-3	利息净支出	200.00	劳动保险费	8000.00	广告费	3500.00		
2	2009-3-9	汇兑净损失	150.00	技术开发费	3000.00	差旅费	1200.00		
3	2009-5-20		0.00	招聘费	1000.00	运输费	1800.00		
4	2009-6-15		0.00	业务招待费	1500.00	包装费	200.00		
5	2009-7-10	银行手续费	600.00	工会经费	500.00	装卸费	600.00		
6	2009-10-16		0.00	待业保险费	2000.00	展览费	400.00		
		小计：	950	小计：	16000	小计：	7700		

图 10.7.18 将数据标记为书签

提示：如果此时表格中没有显示"书签"标记，说明没有定义它的显示状态。用户可选择 工具(T) → 选项(O)... 命令，弹出 选项 对话框，选中 ☑ 书签(K) 复选框，如图 10.7.19 所示。

（26）使用同样的方法，将"劳动保险费"和"广告费"的金额分别插入名为"insure"和"ad"的书签。

（27）将光标置于第 9 列第 3 行的"合计"单元格上，选择 表格(A) → 公式(O)... 命令，弹出 公式 对话框。在"公式"文本框中输入计算公式"=interest+insure+ad"；在"数字格式"下拉列表中选择所需要的数字格式，如图 10.7.20 所示。

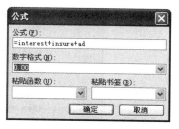

图 10.7.19　显示书签　　　　　　　图 10.7.20　"公式"对话框

（28）单击 确定 按钮，即可将计算结果插入到单元格中，如图 10.7.21 所示。

编号	日期	财务费用		管理费用		销售费用		合计（元）	备注
		用途	金额（元）	用途	金额（元）	用途	金额（元）		
1	2009-2-3	利息净支出	200.00	劳动保险费	8000.00	广告费	3500.00	11700.00	
2	2009-3-9	汇兑净损失	150.00	技术开发费	3000.00	差旅费	1200.00		
3	2009-5-20		0.00	招聘费	1000.00	运输费	1800.00		
4	2009-6-15		0.00	业务招待费	1500.00	包装费	200.00		
5	2009-7-10	银行手续费	600.00	工会经费	500.00	装卸费	600.00		
6	2009-10-16		0.00	待业保险费	2000.00	展宽费	400.00		
		小计	950	小计	16000	小计	7700		

图 10.7.21　利用书签计算出的结果

（29）使用同样的方法，计算"合计"列中的其他金额，最终效果如图 10.7.1 所示。

提示：利用书签计算比直接使用数字计算的优点在于：当数值发生变化时，无须重新输入公式，只要按下"F9"键即可刷新其计算结果。这样就减轻了工作量，用户只要将表格中需要修改的数值改变，然后刷新就可以立即得到准确的计算结果，从而实现 Word 中表格的自动化计算。

综合实例 8　制作"告家长书"

实例内容

本例制作"告家长书"文档，最终效果如图 10.8.1 所示。

设计思路

在制作过程中，主要用到文字格式设置、段落格式设置、艺术字的插入与设置、图形绘制与设置等操作方法。

图 10.8.1 "告家长书"最终效果图

 操作步骤

（1）单击"常用"工具栏中的"新建空白文档"按钮 ，新建一个空白文档，输入"告家长书"相关文字信息，如图 10.8.2 所示。

```
告家长书
各位家长：
国庆长假已经到来，为了帮助孩子调节身心，度过一个健康、愉快、安全、有收获的假期，
根据国务院要求，结合我校实际，我校放假及安排告知您，请您做好安排：
10月1日——10月8日放假、休息。
10月9日开始正常上课，上周三的课。
10月10日上周四的课。
假期要求：
合理安排假期学习、生活、娱乐、锻炼的时间。
关心国家大事，要养成天天看报纸或收听新闻的习惯。
要用中学生行为规范约束自己，在外遵守社会公德，遵守国家法律，在家尊敬父母，做力所
能及的家务。
不进营业性舞厅、卡拉 OK、酒吧等娱乐场所，不进游戏机房和网吧。
重视安全，外出遵守交通规则，不到危险区域活动，注意饮食卫生。
北京海伦培训学校
2009.9.30
```

图 10.8.2 输入相关文字信息

（2）按"Ctrl+A"组合键，选中整篇文档，单击"常用"工具栏中的"字号"下拉列表框，在其下拉列表中选择"四号"。

（3）选中标题"告家长书"，选择 格式(O) → A 字体(F)... 命令，弹出 字体 对话框。选择 字体(N) 选项卡，设置中文字体为"楷体"、字形为"加粗"、字号为"一号"，如图 10.8.3 所示。

（4）选择 字符间距(R) 选项卡，设置间距为"加宽"，磅值为"10"，单击 确定 按钮。再单击"格式"工具栏中的"居中"按钮 。

（5）选中从"国庆长假"到"请您作好安排："之间的文本内容，选择 格式(O) →

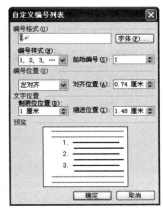 段落(P)...　命令，弹出 **段落** 对话框。

（6）选择 **缩进和间距(I)** 选项卡，在"缩进"选项区域的"特殊格式"下拉列表中选择"首行缩进"，并设置"度量值"为"2 字符"；在"间距"选项区中设置"段前""段后"间距为"1 行"，"行距"为"固定值"，设置值为"28 磅"，如图 10.8.4 所示。

图 10.8.3　设置字体格式

图 10.8.4　设置段落格式

（7）单击 **确定** 按钮，效果如图 10.8.5 所示。

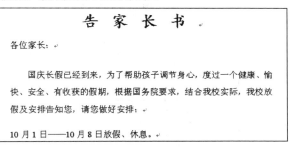

图 10.8.5　设置第一段段落格式效果

（8）选中"10 月 1 日"到"假期要求："四段，单击鼠标右键，在弹出的快捷菜单中选择 項目符号和编号(N)... 命令，弹出 **项目符号和编号** 对话框。选择 **编号(N)** 选项卡，从中选择第 1 行第 2 个编号样式，如图 10.8.6 所示。

（9）单击 **自定义(T)...** 按钮，打开 **自定义编号列表** 对话框。设置"编号位置"为"左对齐"，"对齐位置"为"0.74 厘米"；"文字位置"为"1 厘米"，"缩进位置"为"1.48 厘米"，如图 10.8.7 所示。

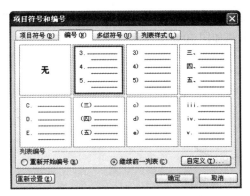

图 10.8.6　"项目符号和编号"对话框

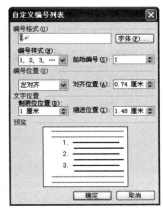

图 10.8.7　设置编号和文本位置

（10）单击 确定 按钮，效果如图 10.8.8 所示。

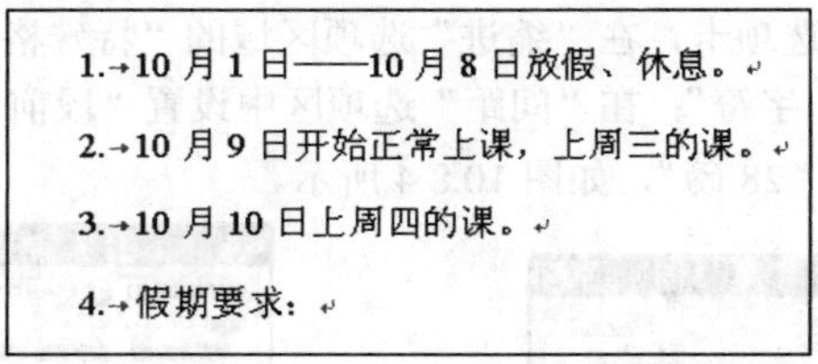

1.→10 月 1 日——10 月 8 日放假、休息。↵

2.→10 月 9 日开始正常上课，上周三的课。↵

3.→10 月 10 日上周四的课。↵

4.→假期要求：↵

图 10.8.8　设置项目符号和编号效果

（11）重复上述步骤，将“合理安排”到“重视安全”五段文字也设置项目符号和编号。

（12）将光标移到“北京海伦培训学校”段首，单击两次“Enter”键。选中“北京海伦培训学校”段，设置字体为“楷体”，字号为“二号”，字形为“加粗”，设置段落格式为缩进“左”“22 字符”。

（13）将“2009.9.30”设置为同样的字体，设置段落格式为缩进“左”“26 字符”，效果如图 10.8.9 所示。

告　家　长　书

各位家长：

国庆长假已经到来，为了帮助孩子调节身心，度过一个健康、愉快、安全、有收获的假期，根据国务院要求，结合我校实际，我校放假及安排告知您，请您做好安排：

1. 10 月 1 日——10 月 8 日放假、休息。
2. 10 月 9 日开始正常上课，上周三的课。
3. 10 月 10 日上周四的课。
4. 假期要求：
   1) 合理安排假期学习、生活、娱乐、锻炼的时间。
   2) 关心国家大事，要养成天天看报纸或收听新闻的习惯。
   3) 要用中学生行为规范约束自己，在外遵守社会公德，遵守国家法律；在家尊敬父母，做力所能及的家务。
   4) 不进营业性舞厅、卡拉 OK、酒吧等娱乐场所；不进游戏机房和网吧。
   5) 重视安全，外出遵守交通规则，不到危险区域活动，注意饮食卫生。

北京海伦培训学校

2009.9.30

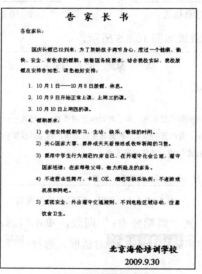

图 10.8.9　设置字体和段落格式效果

（14）单击“绘图”工具栏中的“椭圆”按钮，按住“Shift”键在文档的下部绘制一个圆，调整圆的大小。

（15）单击“绘图”工具栏的“线型”按钮，选择 2.25 磅；单击“线条颜色”按钮右侧的下拉按钮，在弹出的下拉列表中选择红色，效果如图 10.8.10 所示。

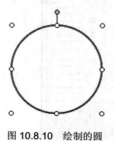

图 10.8.10　绘制的圆

（16）单击"绘图"工具栏中的"艺术字"按钮 ，弹出 对话框，从中选择第 1 行第 3 列的艺术字样式，如图 10.8.11 所示。

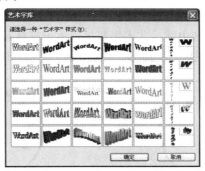

图 10.8.11　选择艺术字样式

（17）单击 确定 按钮，弹出 编辑"艺术字"文字 对话框，设置字体为"楷体"，字号为"16"，如图 10.8.12 所示。

图 10.8.12　编辑艺术字

（18）单击 确定 按钮，同时打开"艺术字"工具栏，如图 10.8.13 所示。

图 10.8.13　"艺术字"工具栏

（19）调整艺术字的大小和形状与圆相匹配。单击"设置艺术字格式"按钮，弹出 设置艺术字格式 对话框。选择 颜色与线条 选项卡，设置填充色和线条颜色均为"红色"，如图 10.8.14 所示。

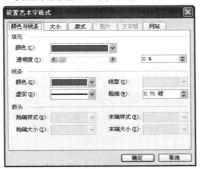

图 10.8.14　设置艺术字的格式

（20）单击 确定 按钮，效果如图 10.8.15 所示。

（21）单击"绘图"工具栏中的 自选图形(U)▼ 按钮，从中选择 星与旗帜(S) ▶ 命令，在弹出的星形列表中选择"五角星" 。

（22）在圆的中心画一个"五角星"，调整"五角星"的大小和位置，设置"线条颜色"和"填充颜色"均为"红色"。

（23）按住"Shift"键，选中圆、艺术字和星，单击鼠标右键，在弹出的快捷菜单中选择 组合(G) →组合(G) 命令，完成学校公章的制作，如图 10.8.16 所示。

图 10.8.15　添加的艺术字效果　　　　　图 10.8.16　绘制的公章

（24）移动公章到"北京海伦培训学校"和"2009.9.30"两段文字的上方，单击鼠标右键，在弹出的快捷菜单中选择 叠放次序(R) → 衬于文字下方(H) 命令，最终效果如图 10.8.1 所示。

第 11 章　上 机 实 训

本章通过上机实训培养读者的实际操作能力，使读者达到巩固并检验前面所学知识的目的。

知识要点

- 用 Word 编儿童看图识字手册
- 文档的编辑与排版
- 用 Word 制作票据
- 制作"倒福字"图片
- 制作灯笼
- 制作挂历
- 用 Word 来拆字
- 给文档加密
- 制作传真
- 用宏插入图片
- 制作读者调查表
- 设计员工基本情况登记表
- 用模板创建日历

实训 1　用 Word 编儿童看图识字手册

1．实训内容

本例制作一本看图识字手册，效果如图 11.1.1 所示。

图 11.1.1　"看图识字"效果图

2．实训目的

掌握 Word 的"中文版式"和"图片插入"功能。

3．操作步骤

（1）用鼠标选定要加注拼音的汉字。

（2）选择 格式(O) → 中文版式(L) ▶ 雯 拼音指南(U)... 命令，弹出 拼音指南 对话框，如图 11.1.2 所示。

图 11.1.2 "拼音指南"对话框

（3）核对拼音无误后，单击 确定 按钮，这样就给选定的汉字加上了拼音，如图 11.1.3 所示。

（4）选择 插入(I) → 图片(P) ▶ 来自文件(F)... 命令，弹出 插入图片 对话框，从存储图片的文件夹里选取合适的图片插入当前位置，单击 确定 按钮，效果如图 11.1.4 所示。

图 11.1.3 给汉字加上拼音

图 11.1.4 插入的图片

（5）选中插入的图片，把鼠标指针放置在图片的控制点上，拖动鼠标修改图片的大小。

（6）单击插入的图片，打开"图片"工具栏。单击工具栏中的"裁剪"按钮 ，将图片四周多余的部分剪掉；单击"文字环绕"按钮 ，从弹出的下拉列表中选择 浮于文字上方(N) 命令。调整图片的位置到文字的正上方，效果如图 11.1.1 所示。

（7）依照上述方法，给每一个词配上一张图片，这样一本图文并茂的看图识字手册就做好了。

实训 2 文档的编辑与排版

1．实训内容

本例将对一篇名为"豆浆"的文档进行编辑与排版操作。

2．实训目的

在制作过程中，主要用到格式刷、替换、首字下沉、分栏、字体和段落格式的设置、页面设置、插入页眉和页脚等操作，效果如图 11.2.1 所示。

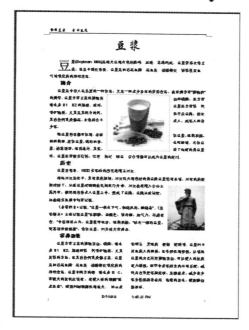

图 11.2.1 "文档"效果图

3．操作步骤

（1）打开"豆浆.doc"文档，发现文档中有的文本下方带有超链接，需要删除，如图 11.2.2 所示。

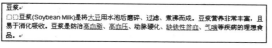

图 11.2.2 文档部分内容

（2）将光标置于不带超链接的文本中，然后双击"常用"工具栏中的"格式刷"按钮，当鼠标指针变成形状时，按住鼠标左键拖动鼠标扫过要应用选定文本格式的目标文本，即可取消所有的超链接。

（3）在"豆浆.doc"文档中，可发现每段的前面都带有空格符，可用替换方法删除。

（4）选中一个空格并按"Ctrl+C"复制空格，选择 编辑(E) → 替换(E)...   Ctrl+H 命令，弹出 查找和替换 对话框。在"查找内容"文本框中按"Ctrl+V"键粘贴空格，接下来将鼠标插入点移到"替换为"文本框中，如图 11.2.3 所示。

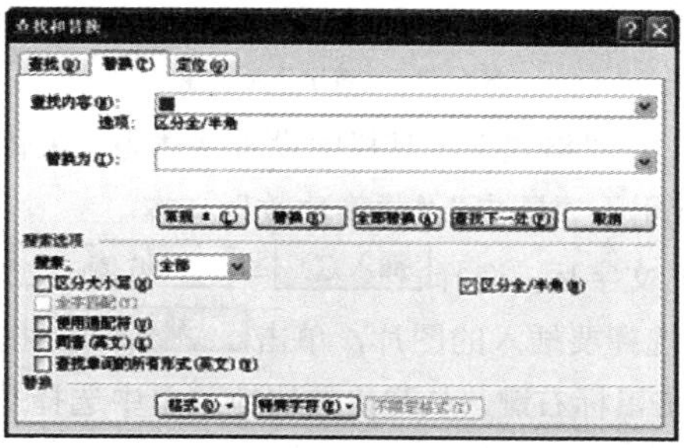

图 11.2.3 查找与替换空格符

（5）单击 全部替换(A) 按钮，弹出完成替换的消息框后，单击 确定 按钮返回到 查找和替换 对话框，再单击 关闭 按钮，如图 11.2.4 所示。

> 豆浆
> 豆浆(Soybean·Milk)是将大豆用水泡后磨碎、过滤、煮沸而成。豆浆营养非常丰富，且易于消化吸收。豆浆是防治高血脂、高血压、动脉硬化、缺铁性贫血、气喘等疾病的理想食品。
> 简介
> 豆浆是中国人民喜爱的一种饮品，又是一种老少皆宜的营养食品，在欧美享有"植物奶"的美誉。豆浆含有丰富的植物蛋白和磷脂，还含有维生素 B1、B2 和烟酸。此外，豆浆还含有铁、钙等矿物质，尤其是其所含的钙，虽不及豆腐，但比其他任何乳类都高，非常适合于老人、成年人和青少年。

图 11.2.4　替换空格后效果

（6）选中标题"豆浆"，在"格式"工具栏中设置字体为"华文行楷"，字号为"小初"，单击"居中"按钮 ▤。

（7）选中除标题外的所有文本，选择 格式(O) → ▤ 段落(P)… 命令，弹出 段落 对话框。单击 缩进和间距(I) 选项卡，在"对齐方式"下拉列表中选择"两端对齐"；在"特殊格式"下拉列表中选择"首行缩进"，设置度量值为"2 字符"；在"行距"下拉列表中选择"固定值"，设置值为"20 磅"，如图 11.2.5 所示。

（8）单击 确定 按钮返回到 Word 文档中。

（9）将光标置于第一段文档中，选择 格式(O) → 首字下沉(D)… 命令，弹出 首字下沉 对话框。在"位置"栏中单击"下沉"按钮 ▥ ，在"下沉行数"微调框中输入 2，如图 11.2.6 所示。

图 11.2.5　设置段落格式

图 11.2.6　设置首字下沉

（10）单击 确定 按钮，下沉效果如图 11.2.7 所示。

> **豆浆**
> 豆浆(Soybean·Milk)是将大豆用水泡后磨碎、过滤、煮沸而成。豆浆营养非常丰富，且易于消化吸收。豆浆是防治高血脂、高血压、动脉硬化、缺铁性贫血、气喘等疾病的理想食品。

图 11.2.7　首字下沉效果

（11）选中"简介"二字，在"格式"工具栏中设置字体为"宋体"，字号为"14"，字形为"加粗"。使用格式刷，将此格式应用于"历史""营养功效"文本。

（12）将光标置于"简介"文字后，选择 插入(I) → 图片(P) ▶ → 来自文件(F)… 命令，弹出 插入图片 对话框，选择要插入的图片，单击 插入(S) 按钮，如图 11.2.8 所示。

（13）在插入的图片上单击鼠标右键，从弹出的快捷菜单中选择 设置图片格式(I)… 命令，弹出 设置图片格式 对话框。单击 版式 选项卡，在"环绕方式"中选择"紧密型" ▣ ，如图 11.2.9 所示。

图 11.2.8　选择要插入的图片

图 11.2.9　设置环绕方式

（14）单击 确定 按钮，效果如图 11.2.10 所示。

（15）用同样的方法，在"历史"部分文档中，插入"刘安"的图片，并设置图片的环绕方式为"四周型""右对齐"。

（16）选中"营养功效"部分文档，选择 格式(O) → 分栏(C)... 命令，弹出 分栏 对话框。单击"两栏"按钮 ，如图 11.2.11 所示。

图 11.2.10　图片环绕效果

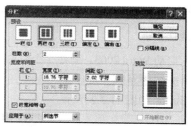

图 11.2.11　设置分栏

（17）单击 确定 按钮，效果如图 11.2.12 所示。

（18）选择 文件(F) → 页面设置(U)... 命令，弹出 页面设置 对话框，设置上、下页边距为"2.2 厘米"，如图 11.2.13 所示。

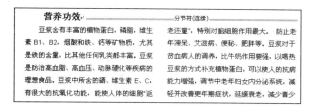

图 11.2.12　分栏效果

图 11.2.13　页面设置

（19）选择 视图(V) → 页眉和页脚(H) 命令，打开"页眉和页脚"界面及工具栏。在页眉处输入"饮用豆浆　身体健康"，设置字体为"华文行楷"，字号为"五号"，居左。单击"在页眉和页脚间切换"按钮 ，切换到页脚处。

（20）单击"插入日期"按钮 ，在页脚处插入当前日期；单击"插入时间"按钮 ，在页脚处插入当前时间，设置字体为五号，单击 关闭(C) 按钮，最终效果如图 11.2.1 所示。

实训 3 用 Word 制作票据

1. 实训内容

利用 Word 2003 制作"借款单"，如图 11.3.1 所示。

借款单

借款部门			借款时间	年　月　日
借款理由				
借款数额	人民币（大写）　　　　　　　　　¥:			
经理签字		借款人签字:		
财务主管批示:		出纳签字:		
付款记录:	年　　月　　日　以现金/支票（号码:　　　　）给付			

图 11.3.1 "票据"效果图

2. 实训目的

掌握表格的插入、合并单元格、单元格格式设置等操作。

3. 操作步骤

（1）启动 Word 2003，新建一个空白文档。

（2）选择 表格(A) → 插入(I) ▶ 命令，弹出 插入表格 对话框。设置"行数"为 6，"列数"为 5，如图 11.3.2 所示。

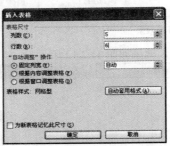

图 11.3.2 "插入表格"对话框

（3）单击 确定 按钮，即可自动生成一个 6 行 5 列的规则表格，如图 11.3.3 所示。

图 11.3.3 生成的表格

（4）选择 视图(V) → 工具栏(T) ▶ 表格和边框 命令，打开"表格和边框"工具栏。

（5）在表格中选中需要合并的单元格，单击"表格和边框"工具栏上的"合并单元格"按钮，将它们合并成一个单元格，如图 11.3.4 所示。

（6）依照同样的方法，合并其他需要合并的单元格，效果如图 11.3.5 所示。

图 11.3.4　合并单元格

图 11.3.5　合并单元格后的表格

（7）输入标题及在表格中相应位置输入文本，如"借款部门""借款时间""借款理由""借款数额"等。

（8）输入完成后，选中标题，单击常用工具栏中的"居中"按钮 $\equiv$ ，使标题居中显示，如图 11.3.6 所示。

借款单

借款部门			借款时间	年　月　日	
借款理由					
借款数额	人民币（大写）		￥：		
经理签字：			借款人签字：		
财务主管批示：			出纳签字：		
付款记录：	年　月　日 以现金/支票（号码　　）给付				

图 11.3.6　输入文本及居中显示标题

（9）选定需要调整的各单元格，按住"Alt"键，当鼠标指针变成 ➕ 形状时，用鼠标拖动其边线，可以改变单元格的宽度，一直调到合适为止，如图 11.3.7 所示。

借款单

借款部门			借款时间	年　月　日	
借款理由					
借款数额	人民币（大写）		￥：		
经理签字：			借款人签字：		
财务主管批示：			出纳签字：		
付款记录：	年　月　日 以现金/支票（号码　　）给付				

图 11.3.7　调整列宽

（10）单击表格左上角的 ➕ 按钮，选中整个表格。单击鼠标右键，从弹出的快捷菜单中选择 边框和底纹(B)... 命令，弹出 边框和底纹 对话框，打开 边框(B) 选项卡。

（11）在"设置"列表中单击"自定义"按钮 █，在"宽度"下拉列表中选择 1.5 磅的粗线，分别单击预览框中的表格边框，可以看到预览效果，如图 11.3.8 所示。

（12）单击 确定 按钮返回到 Word 文档中。用同样的方法，将表格最后一行的上框线设置为双线，最终效果如图 11.3.1 所示。

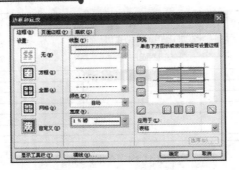

图 11.3.8　设置表格框线

实训 4　制作"倒福字"图片

1．实训内容

在撰写教案或论文时，经常要遇到图文混排，即文本框和自选图形的混排，但有时文本框却无法实现某些特殊功能，如倒写的红"福"字，通过插入艺术字就很容易实现，效果如图 11.4.1 所示。

图 11.4.1　"图文混排"效果图

2．实训目的

掌握自选图形、艺术字的插入及格式设置等操作。

3．操作步骤

（1）启动 Word 2003，单击"常用"工具栏中的"新建空白文档"按钮 ，新建一个文档。

（2）选择 视图(V) → 工具栏(T) ▶ → 绘图 命令，启动绘图工具栏。

（3）单击"绘图"工具栏中的 自选图形(U)▼ 按钮，在弹出的快捷菜单中选择 基本形状(B) ▶ 命令，单击"菱形"按钮 绘制一个菱形，如图 11.4.2 所示。

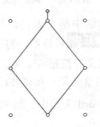

图 11.4.2　绘制菱形

（4）选中绘制的菱形，单击鼠标右键，在弹出的快捷菜单中选择 ![设置自选图形格式(O)...] 命令，弹出 **设置自选图形格式** 对话框。选择 **颜色与线条** 选项卡，设置其填充色为"红色"，线条颜色为"无线条颜色"，如图 11.4.3 所示。

（5）单击 **确定** 按钮返回到 Word 文档。

（6）单击"绘图"工具栏中的"插入艺术字"按钮 ![图标]，弹出 **艺术字库** 对话框，从中选择第一种艺术字样式。

（7）单击 **确定** 按钮，弹出 **编辑"艺术字"文字** 对话框，在文本框中输入"福"字，设置其字体为"华文行楷"，字号为"48"，字形为"加粗"，如图 11.4.4 所示。

图 11.4.3 设置自选图形格式

图 11.4.4 编辑艺术字

（8）单击 **确定** 按钮，效果如图 11.4.5 所示。

（9）选中"福"字，单击"绘图"工具栏中的 ![绘图(D)▼] → ![旋转或翻转(P) ▶] → ![向左旋转 90°(L)] 命令，执行两次左转后效果如图 11.4.6 所示。

图 11.4.5 插入的艺术字

图 11.4.6 旋转艺术字

（10）单击"福"字，在弹出的"艺术字"工具栏中单击"文字环绕"按钮 ![图标]，在下拉菜单中选择 ![浮于文字上方(N)] 命令，将艺术字拖放到绘制的菱形上。

（11）选中菱形，按住"Shift"键，再选择插入的艺术字，此时两张图片同时被选中。

（12）单击 ![绘图(D)▼] → ![对齐或分布(A) ▶] → ![水平居中(C)] 和 ![垂直居中(M)] 命令，使它们居中对齐。

（13）重复步骤（11），单击 ![绘图(D)▼] → ![组合(G)] 命令，使它们组合成一个整体，效果如图 11.4.1 所示。这样"倒福字"图片就制作成功了。

实训 5 制 作 灯 笼

1．实训内容

本例为制作灯笼的实例，效果如图 11.5.1 所示。

2．实训目的

掌握自选图形的绘制及格式设置、艺术字的插入及格式设置等操作。

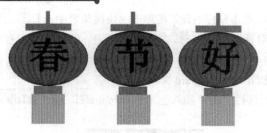

图 11.5.1　效果图

3．操作步骤

（1）启动 Word 2003，单击"常用"工具栏上的"新建文档"按钮 ，新建文档。

（2）单击"绘图"工具栏上的"矩形"按钮 ，在文档中绘制一个大矩形和一个小矩形，选中两个矩形，单击鼠标右键，在弹出的快捷菜单中选择 设置自选图形格式(O)... 命令，弹出设置自选图形格式对话框，设置矩形的填充颜色为"灰色"，线条颜色为"无线条颜色"，单击 确定 按钮，效果如图 11.5.2 所示。

（3）调整两个矩形的位置，单击"绘图"工具栏上的"选择图形对象"按钮 ，选中两个矩形并单击鼠标右键，在弹出的快捷菜单中选择 组合(G) ▶→ 组合(G) 命令，将这两个矩形组合为一个整体，效果如图 11.5.3 所示。

图 11.5.2　绘制两个矩形

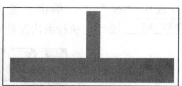

图 11.5.3　合并后的矩形

（4）单击"绘图"工具栏中的"椭圆"按钮 ，在文档中绘制一个椭圆并将其选中，单击鼠标右键，在弹出的快捷菜单中选择 设置自选图形格式(O)... 命令，弹出设置自选图形格式对话框，如图 11.5.4 所示。设置好各项内容后，单击 确定 按钮。

（5）选中椭圆，按住"Ctrl"键不放，拖动鼠标，复制一个椭圆。选中复制的椭圆，然后单击"绘图"工具栏上的"填充颜色"按钮 ，选择 无填充颜色 命令，将椭圆的填充色设置为"无色"。

（6）用上面的方法复制多个椭圆，每复制一个椭圆调整其大小比上一个小一些，复制完后，按照从大到小的顺序把所有的椭圆重叠组合起来，如图 11.5.5 所示。

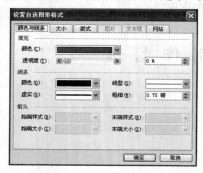

图 11.5.4　"设置自选图形格式"对话框

图 11.5.5　组合好的椭圆

（7）单击"绘图"工具栏上的"矩形"按钮![矩形按钮]，绘制两个矩形，设置较小矩形的填充颜色为"浅灰色"，线条颜色为"无线条颜色"，将较大的矩形作为本例的灯穗。

（8）选中较大的矩形，单击鼠标右键，在弹出的快捷菜单中选择![设置自选图形格式(O)...]命令，弹出 **设置自选图形格式** 对话框，在"线条"选区的"颜色"下拉列表中选择![无线条颜色]命令；在"填充"选区的"颜色"下拉列表中选择![填充效果(F)...]命令，弹出 **填充效果** 对话框，如图 11.5.6 所示。选择 **图案** 选项卡，单击"浅色竖线"图案||||||，单击![确定]按钮。

（9）单击"绘图"工具栏上的"选择图形对象"按钮![选择图形对象按钮]，按住"Shift"键选中灯笼的各个部分，执行![绘图(D)▼]→![组合(G)]命令，将其组合为一个整体，如图 11.5.7 所示。

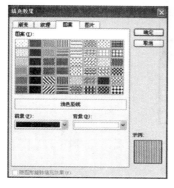

图 11.5.6　"填充效果"对话框

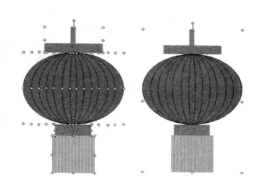

图 11.5.7　组合图形

（10）选中这个灯笼，按住"Ctrl"键不放，拖动鼠标复制出另外两个灯笼。

（11）单击"绘图"工具栏中的"插入艺术字"按钮![插入艺术字按钮]，弹出 **艺术字库** 对话框，选择第 1 行第 6 种艺术字样式，单击![确定]按钮，弹出 **编辑"艺术字"文字** 对话框，输入"春"字，设置字体为"宋体"，字号为"96 磅"，效果如图 11.5.8 所示。

（12）单击![确定]按钮，可插入艺术字"春"字，在该艺术字上单击鼠标右键，在弹出的快捷菜单中选择![设置艺术字格式(O)...]命令，弹出 **设置艺术字格式** 对话框。

（13）选择 **版式** 选项卡，在"环绕方式"栏中单击"浮于文字上方"按钮![浮于文字上方按钮]，拖动艺术字到灯笼中间位置，如图 11.5.9 所示。

图 11.5.8　插入艺术字

图 11.5.9　制作好的第一个灯笼

（14）按住"Ctrl"键，将艺术字"春"字复制两个，并将其改为"节""好"，再将其拖放到另外两个灯笼上。

（15）选择![文件(F)]→![页面设置(U)...]命令，弹出 **页面设置** 对话框。在"方向"栏中单击"横向"按钮![横向按钮]，将纸张设置为横向，效果如图 11.5.1 所示。

实训 6 制 作 挂 历

1. 实训内容

本例为制作挂历的实例，效果如图 11.6.1 所示。

图 11.6.1 "挂历" 效果图

2. 实训目的

掌握 Word 中表格的插入和设置，图片和艺术字的插入等。

3. 操作步骤

（1）启动 Word 2003，单击 "常用" 工具栏上的 "新建文档" 按钮，新建一个 Word 文档。

（2）执行 表格(A) → 插入(I) → 表格(T)... 命令，弹出 插入表格 对话框，如图 11.6.2 所示。设置行数和列数均为 7，单击 确定 按钮。

（3）选中表格，执行 格式(O) → 边框和底纹(B)... 命令，弹出 边框和底纹 对话框，设置表格外边框线为 "3 磅" 的文武线，内框线为 "1/2 磅"，效果如图 11.6.3 所示。

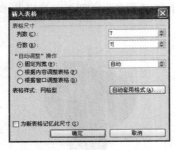

图 11.6.2 "插入表格" 对话框

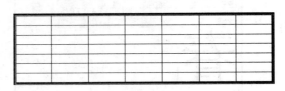

图 11.6.3 设置表格框线

（4）在表格第 2 行输入 "星期日" 至 "星期六"，在表格的第 3～7 行中输入数字 "01～31"，设置字号为 "三号"，并设置字体为 "居中"。

（5）选中表格第 1 行，单击鼠标右键，在弹出的快捷菜单中选择 合并单元格(M) 命令，将表格第一行合并。

（6）选中表格第 1 行，单击鼠标右键，在弹出的快捷菜单中选择 边框和底纹(B)... 命令，弹出 边框和底纹 对话框。在 底纹(S) 选项卡中设置填充色为 "红色"，如图 11.6.4 所示。

（7）选中表格中 "星期日" 与 "星期六" 两列的数字，单击 "绘图" 工具栏上的 "字体颜色"

按钮 A·，设置字体颜色为"红色"，效果如图 11.6.5 所示。

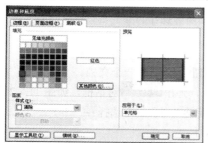

图 11.6.4 设置填充效果

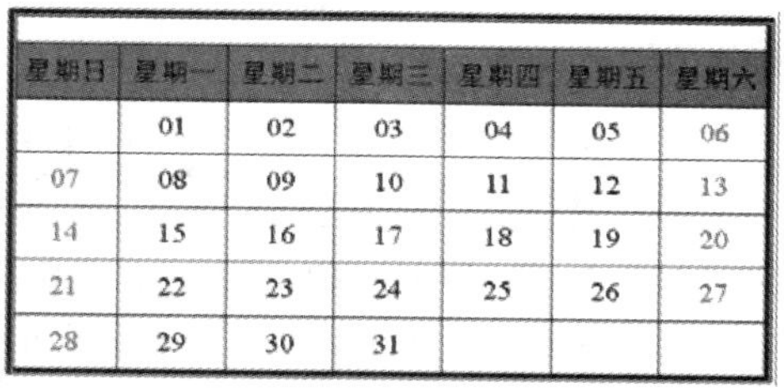

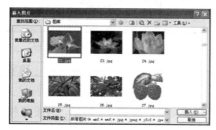

图 11.6.5 设置字符颜色

（7）将光标定位到第一行，执行 插入(I) → 图片(P) ▶ 来自文件(F)... 命令，弹出 插入图片 对话框，如图 11.6.6 所示。选择所需图片，单击 插入(S) · 按钮。

（8）插入图片后，调整图片的大小，直到合适的尺寸。

（9）单击"绘图"工具栏中的"插入艺术字"按钮 ，在弹出的 艺术字库 对话框中选择第 4 行第 1 列的艺术字样式。单击 确定 按钮，弹出 编辑"艺术字"文字 对话框，输入文字"2011"，设置字体为"隶书"，字号为"72"。

（10）单击 确定 按钮返回 Word 文档。选中新建的艺术字，改变其版式为浮于文字上方，再调整艺术字位置，如图 11.6.7 所示。

图 11.6.6 "插入图片"对话框

图 11.6.7 插入艺术字

（11）重复第（8）～（10）步的操作，在文档中插入艺术字"8"，设置其版式为浮于文字下方并调整其大小和位置，效果如图 11.6.1 所示。

实训 7 用 Word 来拆字

1．实训内容

本例用 Word 来进行拆字，效果如图 11.7.1 所示。

图 11.7.1 "拆字"效果图

2. 实训目的

掌握 Word 中自定义工具栏、插入艺术字和选择性粘贴等操作。

3. 操作步骤

（1）启动 Word 2003，单击工具栏上的"新建"按钮 ，新建一个文档。

（2）选择 工具(T) → 自定义(C)... 命令，弹出 自定义 对话框，如图 11.7.2 所示。

（3）在"类别"列表框中选择"绘图"选项，然后在"命令"列表框中选择 分解图片 命令，然后按住鼠标左键把它拖放到工具栏任意位置即可。

（4）选择 插入(I) → 图片(P) ▶ → 艺术字(W)... 命令，弹出 艺术字库 对话框，如图 11.7.3 所示。

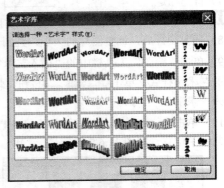

图 11.7.2 "自定义"对话框　　　　　　　图 11.7.3 "艺术字库"对话框

（5）在"请选择一种'艺术字'样式"列表框中选择"空心字"样式，单击 确定 按钮，弹出 编辑"艺术字"文字 对话框，如图 11.7.4 所示。

（6）在此对话框中的"文字"文本框中输入要拆开的文字，例如"分"字，并设置相应的字号，单击 确定 按钮。

（7）选择该"分"字，进行剪切和粘贴操作，然后选择 编辑(E) → 选择性粘贴(S)... 命令，弹出 选择性粘贴 对话框，如图 11.7.5 所示。选择"形式"列表框中的"图片（Windows 图元文件）"选项，单击 确定 按钮即可。

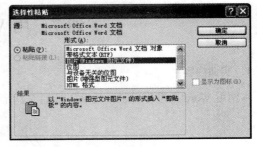

图 11.7.4 "编辑'艺术字'文字"对话框　　　　图 11.7.5 "选择性粘贴"对话框

（8）选中"分"字，单击工具栏上的"分解图片"按钮 ，这样选中的"分"字任意笔画周围出现许多小节点，如图 11.7.6 所示。下面就可以对"分"字一笔一画进行拆分。

（9）本实例制作完毕，最终效果如图 11.7.1 所示。

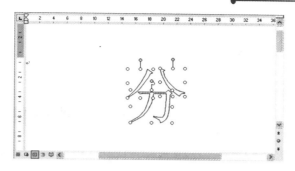

图 11.7.6　分解图片

实训 8　给文档加密

1．实训内容

本例制作给文档加密，效果如图 11.8.1 所示。

图 11.8.1　"文档加密"效果图

2．实训目的

掌握加密和解密文档的操作。

3．操作步骤

（1）打开需要加密的 Word 文档。

（2）选择 **文件(F)** → **另存为(A)...** 命令，弹出 **另存为** 对话框，如图 11.8.2 所示。

（3）单击 **工具(L)▼** 按钮，弹出如图 11.8.3 所示的下拉菜单。

图 11.8.2　"另存为"对话框

图 11.8.3　下拉菜单

（4）选择 **安全措施选项(C)...** 命令，弹出 **安全性** 对话框，如图 11.8.4 所示。

（5）在"此文档的文件加密选项"选项区域中的"打开文件时的密码"文本框中输入密码。

（6）单击 **确定** 按钮，弹出 **确认密码** 对话框，如图 11.8.5 所示。

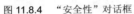

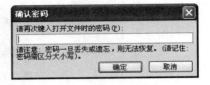

图 11.8.4 "安全性"对话框   图 11.8.5 "确认密码"对话框

（7）在"请再次键入打开文件时的密码"文本框中再次输入密码，单击 **确定** 按钮即可。

提示：用户如果要继续设置修改文档的权限密码，可以在 **安全性** 对话框中的"此文档的文件共享选项"选项区域中的"修改文件时密码"文本框中输入修改文档的权限密码。

（8）用户如果下次要打开已经设置了打开权限密码的文档，则弹出 **密码** 对话框，如图 11.8.6 所示。

（9）在"请键入打开文件所需的密码"文本框中输入正确的密码，单击 **确定** 按钮，则会打开该文件，否则系统会弹出如图 11.8.7 所示的密码提示框。

图 11.8.6 "密码"对话框   图 11.8.7 密码提示框

（10）本实例制作完毕，最终效果如图 11.8.1 所示。

实训 9 制 作 传 真

1. 实训内容

本例制作传真，效果如图 11.9.1 所示。

图 11.9.1 "传真"效果图

2．实训目的

掌握传真模板的使用。

3．操作步骤

（1）启动 Word 2003，选择 文件(F) → 新建(N)… 命令，打开如图 11.9.2 所示的 新建文档 ▼ 任务窗格。

（2）单击任务窗格中的 本机上的模板… 超链接，弹出 模板 对话框，打开 信函和传真 选项卡，如图 11.9.3 所示。

图 11.9.2　"新建文档"任务窗格

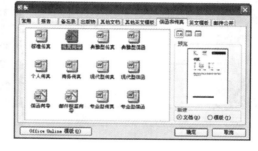

图 11.9.3　"模板"对话框

（3）选择"传真向导"选项，在"预览"选项区域中可以预览其效果，同时选中"新建"选项区域中的 文档(D) 单选按钮，单击 确定 按钮，弹出如图 11.9.4 所示的 传真向导 对话框（一）。

（4）单击 下一步(N) > 按钮，弹出如图 11.9.5 所示的 传真向导 对话框（二）。

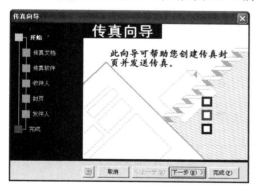

图 11.9.4　"传真向导"对话框（一）

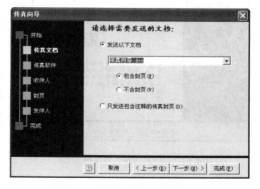

图 11.9.5　"传真向导"对话框（二）

（5）单击 下一步(N) > 按钮，弹出如图 11.9.6 所示的 传真向导 对话框（三）。

（6）单击 下一步(N) > 按钮，弹出如图 11.9.7 所示的 传真向导 对话框（四），在"姓名"和"传真号码"下拉列表中分别输入收件人的姓名或传真号码。

（7）单击 下一步(N) > 按钮，弹出如图 11.9.8 所示的 传真向导 对话框（五），在"请选择封页样式"选项区域中选中 专业型 单选按钮。

（8）单击 下一步(N) > 按钮，弹出如图 11.9.9 所示的 传真向导 对话框（六）。

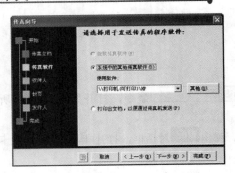
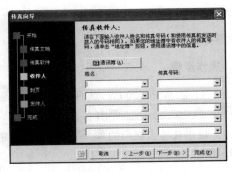

图 11.9.6　"传真向导"对话框（三）　　　　图 11.9.7　"传真向导"对话框（四）

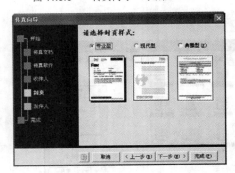
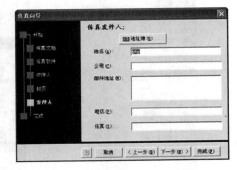

图 11.9.8　"传真向导"对话框（五）　　　　图 11.9.9　"传真向导"对话框（六）

（9）单击 下一步(N) > 按钮，弹出如图 11.9.10 所示的 传真向导 对话框（七）。

（10）单击 完成(F) 按钮，效果如图 11.9.11 所示。

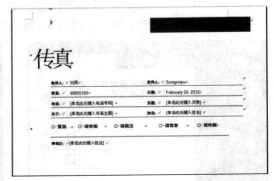

图 11.9.10　"传真向导"对话框（七）　　　　图 11.9.11　传真模板样式

（11）在图中输入相应的选项，同时选中 ☑ 请传阅 复选框即可。

（12）本实例制作完毕，最终效果如图 11.9.1 所示。

实训 10　用宏插入图片

1. 实训内容

本例用宏插入图片，效果如图 11.10.1 所示。

图 11.10.1 "插入图片"效果图

2．实训目的

掌握录制和编辑宏的操作，并学会灵活使用快捷键来提高录制速度。

3．操作步骤

（1）启动 Word 2003，打开一篇要插入图片的 Word 文档，如图 11.10.2 所示。

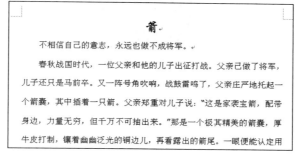

图 11.10.2 打开的文档

（2）把鼠标定位在要插入图片的位置，选择 工具(T) → 宏(M) ▶ → 录制新宏(R)... 命令，弹出 录制宏 对话框，如图 11.10.3 所示。

（3）在"宏名"文本框中输入"Macro1"，单击"键盘"按钮，弹出 自定义键盘 对话框，如图 11.10.4 所示。

图 11.10.3 "录制宏"对话框

图 11.10.4 "自定义键盘"对话框

（4）选中"请按新快捷键"文本框后，按住"Ctrl+1"快捷键，单击 指定(A) 和 关闭 按钮即可。

（5）打开如图 11.10.5 所示的工具栏，鼠标将变成 形状，选择 插入(I) → 图片(P) ▶ → 来自文件(F)... 命令，弹出 插入图片 对话框，如图 11.10.6 所示。

图 11.10.5 打开的工具栏   图 11.10.6 "插入图片"对话框

（6）选择所需要的图片，单击 插入(S) 按钮即可，效果如图 11.10.7 所示。

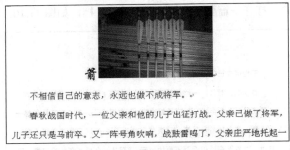

图 11.10.7 插入图片

（7）单击"停止录制"按钮 ，即可停止宏的录制。

（8）选择 工具(T) → 宏(M) ▶ → 宏(M)... Alt+F8 命令，弹出 宏 对话框，如图 11.10.8 所示。

（9）然后单击 编辑(E) 按钮，打开 Microsoft Visual Basic - Normal 窗口，如图 11.10.9 所示。

（10）在"（代码）"小窗口中把"G:\图库\箭.jpg"改为"G:\图库\箭 1.jpg"。

（11）返回到要插入图片的位置，按"Ctrl+1"快捷键，即可插入另一幅图片。

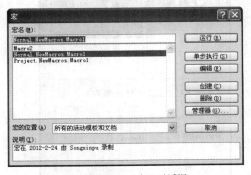

图 11.10.8 "宏"对话框   图 11.10.9 "Microsoft Visual Basic-Normal"窗口

（12）本实例制作完毕，最终效果如图 11.10.1 所示。

实训 11　制作读者调查表

1. 实训内容

本例制作一份“读者调查表”，效果如图 11.11.1 所示。

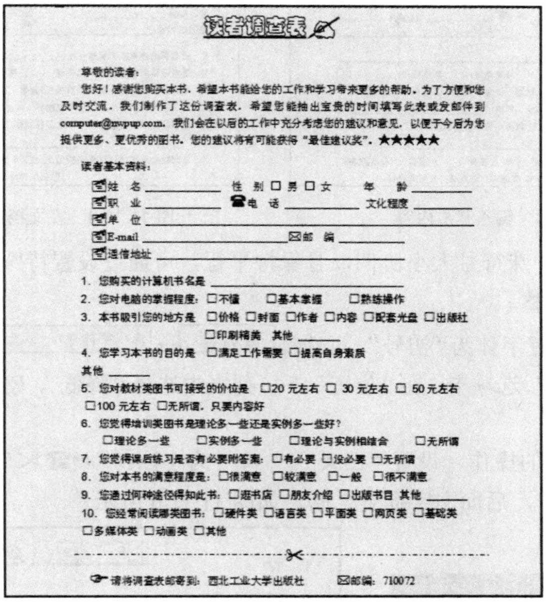

读者调查表

尊敬的读者：

您好！感谢您购买本书，希望本书能给您的工作和学习带来更多的帮助。为了方便和您及时交流，我们制作了这份调查表，希望您能抽出宝贵的时间填写此表或发邮件到computer@nwpup.com。我们会在以后的工作中充分考虑您的建议和意见，以便于今后为您提供更多、更优秀的图书。您的建议将有可能获得“最佳建议奖”。★★★★★

读者基本资料：

姓　名 ________ 性　别 □男 □女　年　龄 ________

职　业 ________ ☎电　话 ________ 文化程度 ________

单　位 ________

E-mail ________ ✉邮　编 ________

通信地址 ________

1. 您购买的计算机书名是 ________
2. 您对电脑的掌握程度：□不懂　□基本掌握　□熟练操作
3. 本书吸引您的地方是　□价格 □封面 □作者 □内容 □配套光盘 □出版社 □印刷精美　其他 ____
4. 您学习本书的目的是　□满足工作需要 □提高自身素质 其他 ____
5. 您对教材类图书可接受的价位是　□20 元左右 □ 30 元左右 □ 50 元左右 □100 元左右 □无所谓，只要内容好
6. 您觉得培训类图书是理论多一些还是实例多一些好？ □理论多一些　□实例多一些　□理论与实例相结合　□无所谓
7. 您觉得课后练习是否有必要附答案：□有必要 □没必要 □无所谓
8. 您对本书的满意程度是：□很满意 □较满意 □一般 □很不满意
9. 您通过何种途径得知此书：□逛书店 □朋友介绍 □出版书目 其他 ____
10. 您经常阅读哪类图书：□硬件类 □语言类 □平面类 □网页类 □基础类 □多媒体类 □动画类 □其他

请将调查表邮寄到：西北工业大学出版社　✉邮编：710072

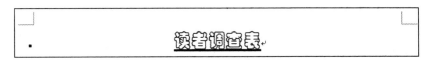

图 11.11.1　“读者调查表”效果图

2. 实训目的

掌握字符格式设置、特殊符号的输入、文字的提升和降低等操作。

3. 操作步骤

（1）单击“常用”工具栏中的“新建空白文档”按钮，创建一个空白 Word 文档。

（2）在文档中输入标题“读者调查表”，设置字体为“华文彩云”，字号为“二号”，字符缩放 90%，加粗下画线，如图 11.11.2 所示。

图 11.11.2　设置标题

（3）输入正文内容，要求正文字体为“宋体”五号，文中“您的建议将……”为“楷体”五号；“读者基本资料：”和“调查内容”为“黑体”五号，如图 11.11.3 所示。

（4）结合题目内容，在不同的位置依次插入✍✂★☎📇☞🖃✉□等特殊符号。选择 插入(I) → 符号(S)... 命令，单击 符号(S) 选项卡，在“字体”下拉列表中选择“Monotype Corsiva”字体，插入特殊符号✍✂★☎；选择“Webdings”字体，插入特殊符号☞、📇、🖃；选择“Wingdings”字体，插入符号✉；选择“Wingdings 2”字体，插入特殊符号□，如图 11.11.4 所示。

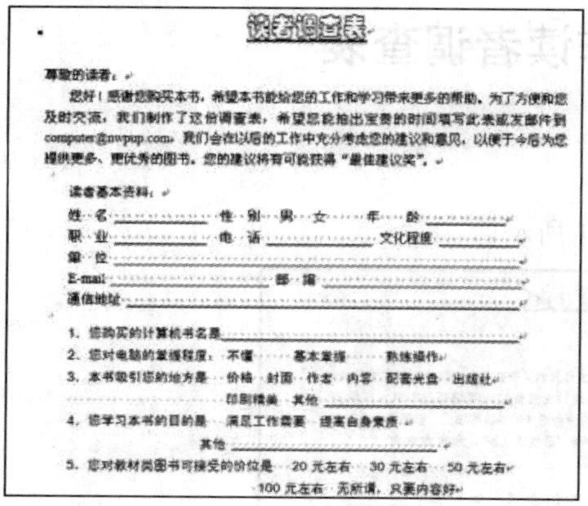

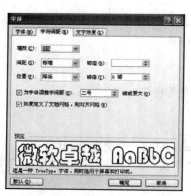

图 11.11.3 输入基本内容

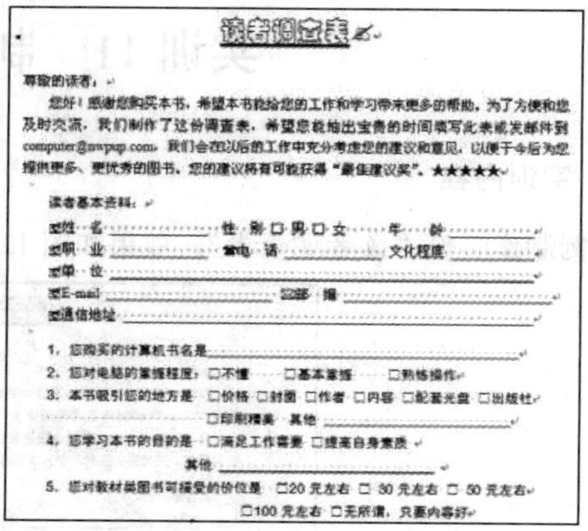

图 11.11.4 在文档中插入特殊符号

（5）为了使文字与特殊符号大小协调，且保持平行，可通过设置特殊符号字号、文字和特殊符号的提升、降低等进行调整。

（6）选择符号 ✍，设置字体为"初号"，再选择 格式(O) → A 字体(F)... 命令，在弹出的 字体 对话框中单击 字符间距(R) 选项卡，在"位置"下拉列表中选择"降低"，磅值为"6 磅"，如图 11.11.5 所示。

（7）重复步骤（6）的操作，设置"□★⊠"符号为小四；"✍☎✂"符号为三号；"🖳"符号为小二，"☞"符号为二号，后面文字提升 3 磅，如图 11.11.6 所示。

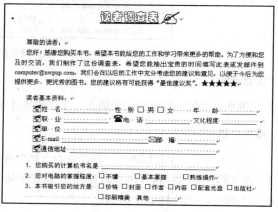

图 11.11.5 "字符间距"选项卡

图 11.11.6 设置字符格式

（8）用绘图工具画一虚线作为裁剪线。在"绘图"工具栏的"线型"中选择"1 磅"，在"虚线线型"中选择第 5 种线型；在裁剪线上插入一个文本框，其中插入"✂"特殊符号，设置文本框边框线条颜色和文本框的填充色为无色，再将裁剪线与文本框组合，如图 11.11.7 所示。

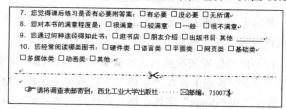

图 11.11.7 插入裁剪线

（9）至此，"读者调查表"设计完毕，最终效果如图 11.11.1 所示。

实训 12　设计员工基本情况登记表

1．实训内容

本例设计员工基本情况登记表，效果如图 11.12.1 所示。

图 11.12.1　"登记表"效果图

2．实训目的

掌握插入表格、表格格式设置、特殊字符的插入、整体版面的设置等操作。

3．操作步骤

（1）先设置一纸张大小为 A4 的 Word 文档，输入"员工基本情况登记表"，设置字体为"宋体"字号为"二号"，字形为"加粗"，段落对齐方式为"水平居中"。

（2）选择 表格(A) → 插入(I) ▶ 表格(T)… 命令，弹出 插入表格 对话框，设定 3 列 25 行，如图 11.12.2 所示。单击 确定 按钮，便可得到最初的表格，如图 11.12.3 所示，显然要做大的改动才能符合要求。

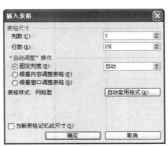

图 11.12.2　"插入表格"对话框

（3）单击 表格(A) 菜单，选择命令 绘制表格(W)，弹出 表格和边框 对话框，利用擦除 和绘制表格 工具，去掉多余的线，添加缺少的线，便可得到如图 11.12.4 所示的表格。

图 11.12.3　自动生成的初始表格

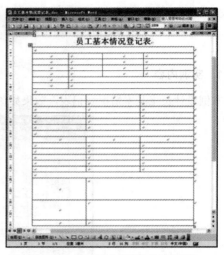

图 11.12.4　经过手动增删线条后的表格

（4）将光标定在表格的第一行中，单击主菜单 插入(I) 按钮，选择 ● 特殊符号(Y)… 命令，弹出 插入特殊符号 对话框，插入符号"◇"，如图 11.12.5 所示。

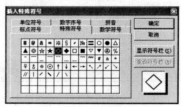

图 11.12.5　"插入特殊符号"对话框

（5）输入"基本资料"，并将"◇教育背景(从初中开始填写)、◇工作经历、◇能力特长"一一按此方法填入表中，如图 11.12.6 所示。

（6）将光标定在表格的第 23 行右列中，采用与步骤（4）同样的方法插入特殊符号"□"，并在其后输入"计算机一级"，其余类推。将其他文字等一一输入到表格中，最终得到如图 11.12.7 所示的全实线电子表格。

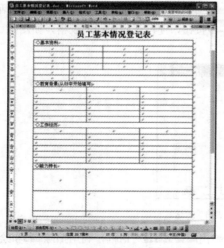

图 11.12.6　加上"◇"及主要栏目标题

图 11.12.7　全实线电子表格

（7）单击 表格和边框 对话框中"表格线设置"按钮，弹出"表格和边框"工具栏，如图 11.12.8 所示。

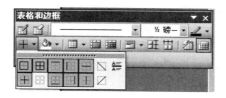

图 11.12.8　设置表格外框及内部线条

（8）选择 田 将整个表格的外框设置为实线；选择 田 将内部线设置为虚线，最终效果如图 11.12.1 所示。

实训 13　用模板创建日历

1．实训内容

本例制作 2012 年上半年的日历，效果如图 11.13.1 所示。

图 11.13.1　"日历"效果图

2．实训目的

掌握 Word 的日历向导和插入图片的功能。

3．操作步骤

（1）启动 Word 2003，选择 文件(F) → 新建(N)... 命令，打开 新建文档 ▼ 任务窗格。

（2）在"模板"选项区域中单击 本机上的模板... 超链接，弹出 模板 对话框，打开 其他文档 选项卡，选择"日历向导"选项，如图 11.13.2 所示。

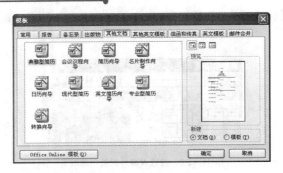

图 11.13.2 "其他文档"选项卡

（3）单击 确定 按钮，弹出 日历向导 对话框（一），如图 11.13.3 所示。

（4）单击 下一步(N) > 按钮，弹出 日历向导 对话框（二）。在"请为您的日历选择一种样式"选项区域中选中 标准(X) 单选按钮，如图 11.13.4 所示。

图 11.13.3 "日历向导"对话框（一）

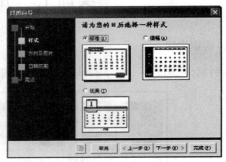

图 11.13.4 "日历向导"对话框（二）

（5）单击 下一步(N) > 按钮，弹出 日历向导 对话框（三）。在"请指定日历的打印方向"选项区域中选中 纵向(P) 单选按钮，在"是否为图片预留空间"选项区域中选中 是(Y) 单选按钮，如图 11.13.5 所示。

（6）单击 下一步(N) > 按钮，弹出 日历向导 对话框（四）。在"起始于:"后面的"月"下拉列表中选择"一月"选项，在"终止于:"后面的"月"下拉列表中选择"十二月"选项，如果不需要打印农历和节气，单击 否(O) 按钮，如图 11.13.6 所示。

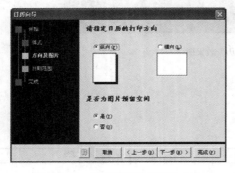

图 11.13.5 "日历向导"对话框（三）

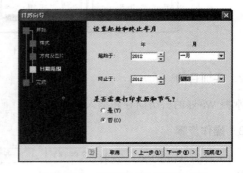

图 11.13.6 "日历向导"对话框（四）

（7）单击 下一步(N) > 按钮，弹出 日历向导 对话框（五），如图 11.13.7 所示。

（8）单击 完成(F) 按钮，即可完成 1～6 月份日历的创建，如图 11.13.8 所示。

图 11.13.7 "日历向导"对话框(五)

图 11.13.8 创建的初始日历

(9)刚刚创建的日历其图片默认的都是同样的图片,用户也可以重新插入自己所喜欢的图片,方法是选择 插入(I) → 图片(P) ▶ 来自文件(F)... 命令,弹出 插入图片 对话框,如图 11.13.9 所示。

(10)选择所需要的图片,单击 插入(S) 按钮,效果如图 11.13.10 所示。

图 11.13.9 "插入图片"对话框

图 11.13.10 插入图片效果

(11)按照同样的方法为其他的月份添加图片,最终效果如图 11.13.1 所示。